NOUVEAU TRAITÉ

Théorique et pratique

SUR LES ABEILLES

Par M. TARIN

Ancien Magistrat, Propriétaire à Courtenay
(Loiret)

Dans un petit corps réside
un grand courage.

MONTARGIS

Imprimerie E. Grimont

PRÉFACE

La culture des abeilles est si peu pratiquée en France que les productions de ces précieux insectes ne peuvent suffire à nos besoins, et que nous sommes dans la nécessité d'en importer pour des sommes énormes, tandis qu'il nous serait facile d'en fournir aux autres nations.

Cependant, parmi les diverses branches de l'économie rurale, il n'en est pas une seule qui demande moins d'avance de fonds, qui procure autant de chances de succès inespérés, et qui, comme elle, réunisse l'utile à l'agréable.

Les nombreux et ingénieux auteurs qui ont écrit sur les abeilles prouvent que depuis longtemps elles ont fixé l'attention des naturalistes.

En étudiant leurs ouvrages avec soin, si d'une part, l'on est forcé de rendre justice aux principes généraux qu'ils ont établis et d'y puiser une foule d'utiles renseignements, d'autre part, l'on s'aperçoit qu'ils excèdent l'intelligence du plus grand nombre de nos agriculteurs.

C'est sans contredit ce qui, jusqu'à ce jour, a entravé les progrès d'une aussi importante industrie.

En effet, pour parvenir à bien connaître les abeilles,

il faut les étudier sans relâche et s'appuyer plutôt sur des faits positifs que sur des principes abstraits et difficiles à saisir.

Les abeilles ont une marche invariable dans leurs travaux, mais comme toutes les productions de la nature, elle est soumise à l'intempérie des saisons et à la diversité des climats.

Ces causes surhumaines ont été et seront toujours un obstacle insurmontable au complément de l'histoire naturelle des abeilles.

Plus de vingt-cinq années de pratique et d'expériences sur ces intéressants insectes m'ont déterminé à soumettre au jugement des agriculteurs le résultat de mes études et de mes observations,

Pour arriver au but que je me propose, celui de me mettre à portée de toutes les intelligences, j'écarterai autant que possible de mon traité une foule de notions purement théoriques qui loin d'éclairer les villageois, les laissent au milieu des ténèbres.

Je n'ai pas toutefois la prétention d'annoncer une méthode entièrement nouvelle, j'avouerai avec franchise que malgré une longue pratique, j'ai dû parfois recourir aux lumières des auteurs, tant anciens que modernes, qui ont écrit sur les abeilles.

AVANT-PROPOS

Les grands naturalistes n'ont traité que la partie théorique ou de pure curiosité de l'histoire des abeilles, ce n'est qu'en multipliant les expériences qu'ils sont parvenus à découvrir des faits qui jusqu'alors avaient paru impénétrables.

L'on doit beaucoup de reconnaissance à ces hommes érudits, opulents et dévoués, qui ont employé leur temps et leur argent à nous enrichir de découvertes utiles.

Quant à moi, moins favorisé de la nature que ces savants dont les travaux durables ont immortalisé les noms, je me suis plus particulièrement occupé de la partie pratique ou économique, guide infaillible pour bien gouverner les abeilles et en retirer, sans leur nuire, tout le profit possible.

Heureux, si comme Pierre Tarin, mon oncle, médecin qui s'est rendu célèbre dans son art par la publication d'ingénieux ouvrages (1), je puis dans

(1) Tarin, médecin, né à Courtenay dans les premières années du xviiie siècle.

Pierre Tarin, bon anatomiste, acheva ses études médicales à la Faculté de Paris et se contenta de prendre le grade de bachelier. Plus occupé de la théorie que de la pratique de son art, il consacra presque tous ses instants au travail du cabinet et aux démonstra-

une spécialité quoique moins scientifique, au moyen des connaissances que j'ai acquises par un travail opiniâtre, être utile aux agriculteurs, les initier dans la science des abeilles et enfin les mettre à même de retirer de leur sol un nouveau revenu qu'il peut parfaitement produire.

Mon but sera atteint et je pourrai dire avec le poëte Lambert :

L'abeille au fond des fleurs goûte moins de délices
A pomper le nectar qu'enferment leurs calices.

tions de l'amphithéâtre, on lui doit plusieurs observations ingénieuses sur la structure du cerveau.

Tarin se chargea de fournir à l'Encyclopédie toutes les notions relatives à la médecine.

On a de lui : *Observations sur la médecine et la chirurgie, Dictionnaire anatomique, Ostéographie, Myographie, Eléments de physique et de physiologie, Adversaria anotomia.*

(Extrait de la *Notice biographique des personnes célèbres et notables de l'arrondissement de Montargis. Loiret.*)

INTRODUCTION

J'ai cru devoir faire précéder mon traité de la fable de Virgile sur la reproduction des abeilles et d'un extrait des œuvres de Vanière, mais comme tous les agriculteurs n'ont pas l'usage de la langue latine, je ne leur donnerai que la traduction en français des beaux vers de Delille et celle en prose de Vanière.

La lecture des descriptions si sublimes et si dignes d'intérêt extraites des œuvres de l'immortel auteur des *Géorgiques* et celles de Vanière, non-seulement amusera les agriculteurs, mais encore leur procurera l'avantage de comparer les connaissances sur les abeilles à l'époque où ces auteurs écrivaient, à celles acquises de nos jours.

> Mais si de tes essaims, tout espoir est détruit,
> Apprends par quel art ce peuple se reproduit.
> Je vais dè ce grand art éterniser la gloire
> Et dès son origine en rappeler l'histoire.
> Le peuple dont le Nil inonde les sillons,
> Qui, sur des vaisseaux peints voguant dans ses vallons,
> Fend les flots nourriciers du fleuve qu'il adore
> Et de son noir limon voit la verdure éclore,
> Les voisins des Persans qu'il baigne de ses eaux,
> Les lieux où vers la mer courant par sept canaux,
> Il fuit les lieux brûlants témoins de sa naissance,
> De cet art précieux atteste la puissance.
> Ce mystère d'abord veut des réduits secrets.
> Il te faut donc choisir et préparer exprès

Un lieu dont la surface étroitement bornée
Soit enceinte de murs et de toits couronnée
Et que des quatre points qui divisent le jour,
Une oblique clarté se glisse en ce séjour !
Là, conduis un taureau dont les cornes naissantes,
Commencent à courber leurs pointes menaçantes,
Qu'on l'étouffe, malgré ses efforts impuissants,
Et sans les déchirer, qu'on meurtrisse ses flancs.
Il expire, on le laisse en cette enceinte obscure
Embaumé de lavande, entouré de verdure.
Choisis pour l'immoler le temps où des ruisseaux
Déjà les doux zéphirs font frissonner les eaux,
Avant que sur nos toits voltige l'hirondelle
Et que des prés fleuris l'émail se renouvelle.
Les humeurs cependant fermentent dans son sein,
O surprise ! ô merveille ! un innombrable essaim,
Dans ses flancs échauffés, tout à coup vient d'éclore,
Sur ses pieds mal formés, l'insecte rampe encore,
Sur des ailes bientôt, il s'élève en tremblant,
Plus vigoureux enfin, le bataillon volant
S'élance aussi pressé que ces gouttes nombreuses
Qu'épanche un ciel brûlant sur des plaines poudreuses,
Où que ces traits dans l'air élancés à la fois
Quand les Parthes guerriers épuisent leurs carquois.
L'homme laissant la fable et sa fausse lumière,
Au flambeau du génie, éclaira sa carrière,
Swammerdam le premier niant leur chasteté
A démontré leur sexe et leur fécondité,
L'un lui donne une reine et les autres des rois.
L'instituteur fameux du conquérant du monde,
Voulut que sans époux la reine fût féconde,
Et de sa chasteté, Réaumur moins jaloux,
Prostitua leur reine à de nombreux époux ;
Enfin de leur hymen, savant dépositaire,
L'aveugle Huber l'a vu par les regards d'autrui,
Et sur ce grand problème, un nouveau jour a lui.
La reine, nous dit-il, au jour de l'hyménée
Sort, de ses nouveaux feux inquiète, étonnée,
Aux portes du palais, longtemps hésite d'abord,
Enfin son aile s'ouvre, elle a pris son essor,
Et loin des yeux mortels, mystérieuse amante,
Emporte dans les airs l'amour qui la tourmente.
Son amant l'observait et plein des mêmes feux,
Il part, vole, l'atteint et jouit dans les cieux ;
Elle s'élance vierge, elle descend féconde.

(*Géorgiques* de Virgile, traduction de Delille.)

« Comme aux plaines de Scythie, c'était une
« femme qui commandait au peuple des Amazones
« armées d'arcs et de flèches ; c'est une femelle qui
« seule domine sur le peuple des abeilles armées
« de crochets et de dards.

« Pour imprimer aux sujets le respect dû à la
« Reine, la nature lui a donné d'autres dimensions ;
« sa tête richement maculée est surmontée d'un
« bandeau étoilé de blanc, sa taille est svelte, l'or
« brille sur ses ailes ; mais la nature lui a refusé
« l'aiguillon mortel, comme pour enseigner à elle
« et aux siens que sa domination ne doit point être
« assurée par le sang, que son règne doit être un
« règne d'amour et qu'elle ne saurait être trop dé-
« bonnaire. »

(Extrait d'une traduction des *OEuvres de Vanière*.)

PREMIÈRE PARTIE

THÉORIE DES ABEILLES

---

§ Ier.

Exposition du rucher.

Les abeilles aiment un air pur, elles se plaisent au milieu des abris et dans le voisinage des petits cours d'eau.

Les lieux bruyants, les usines qui produisent de la fumée leur sont insupportables.

Elles veulent être garanties des grands vents, de l'approche des animaux, et enfin de tout ce qui est susceptible de les irriter et de les troubler dans leurs travaux.

La proximité des étangs, des grands lacs, des grandes rivières, leur nuit essentiellement En voulant les traverser, elles sont sans cesse exposées à se noyer.

La proximité des raffineries à sucre leur est encore plus funeste; attirées par l'odeur qui s'en exhale, elles s'y rendent par milliers, elles périssent en peu de temps dans les chaudières; le plus fort rucher est bientôt détruit.

L'endroit où il convient de placer les abeilles doit être bas et abrité.

Le villageois les met ordinairement dans les jardins qui entourent son habitation.

Les propriétaires aisés placent leurs ruches le long d'un mur d'espaliers, dont les feuillages divisent la réverbération du soleil et sa trop grande chaleur; mais le plus souvent le long d'une haie vive, et enfin de tous autres abris préparés exprès.

Les abeilles doivent être préservées des trop grandes chaleurs, car la cire serait susceptible de se fondre dans les ruches.

Quant à la position du rucher, on doit préférer celle du levant inclinant au midi, il faut placer les ruches à la distance d'environ deux mètres de leurs abris, à l'effet de pouvoir librement circuler derrière et les élever au moins de cinquante centimètres au-dessus du sol, pour les préserver de l'humidité.

L'on doit éloigner les tabliers sur lesquelles elles sont posées d'environ soixante centimètres les uns des autres, afin de passer facilement entre les ruches.

On peut mettre plusieurs rangs de ruches les uns devant les autres, en laissant entre chaque ruche un espace d'environ deux mètres.

Il serait utile qu'un rucher fut entouré d'arbres nains et à hautes tiges; dans la saison des essaims, la garde des ruches serait pour ainsi dire inutile, les essaims, presque toujours, se fixeraient sur ces arbres, où ils seraient faciles à trouver et à recueillir.

Semez également et multipliez autour de votre

rucher les plantes que les abeilles affectionnent le
plus, telles que thym, romarin, fèves de marais et
enfin une foule de plantes aromatiques, les abeilles
se plairont dans un tel endroit et les essaims l'aban-
bandonneront rarement.

Je dirai ici quelques mots à l'occasion du rucher
couvert.

Il peut avoir certains avantages sur les ruchers
en plein air, mais il présente aussi de graves inconvénients.

Un tel rucher n'est réellement praticable que pour
les propriétaires qui ne possèdent qu'une petite
quantité de ruches à miel.

Comment, en effet, un rucher couvert pourrait-il
convenir aux propriétaires qui cultivent en grand
les abeilles et en font un commerce spécial?

N'est-il pas difficile et coûteux d'abriter sous des
hangards plusieurs centaines de ruches remplies
d'abeilles?

Quelle confusion devrait s'opérer au moment où
les abeilles sont dans la force de leurs travaux et
surtout à l'époque de l'essaimage.

Le rucher couvert sert encore pendant les hivers
de refuge à une foule d'insectes et d'animaux nuisibles aux abeilles, qui peuvent impunément s'introduire dans les ruches et y causer des dégâts considérables.

§ II.

Ruches pour les observations

J'ai souvent eu l'occasion de m'entretenir des
abeilles avec les cultivateurs, je faisais tous mes

efforts pour parvenir à leur donner une idée de leurs instincts et de leurs travaux; les uns étaient incrédules, les autres ne me comprenaient pas.

Aujourd'hui, désireux de les éclairer aussi complétement que possible, je vais, au lieu de paroles, leur dévoiler par écrit les moyens dont je me suis servi pour m'initier dans la science des abeilles, suivre leurs travaux et enfin observer une foule de faits merveilleux que j'ignorais comme eux.

Réaumur a inventé les ruches en verre. Il paraît que du temps de Swammerdan, en 1660, elles n'étaient pas connues, puisque ce grand naturaliste n'en parle pas.

Réaumur se servait de ces ruches connues alors seulement par quelques amateurs, pour faire ses observations, depuis elles ont été perfectionnées.

Ces ruches, garnies de volets que l'on ouvrait à volonté, avaient un grand inconvénient, celui d'agiter les abeilles.

Il m'a paru plus simple et plus commode de remplacer ces volets par une capote en drap dont on couvre la ruche. Cette capote se met et s'ôte à volonté, sans causer la moindre agitation aux abeilles.

Les abeilles n'aiment pas à travailler à la lumière du jour, si l'on n'avait pas la précaution de couvrir les verres de la ruche, elles les enduiraient d'une matière opaque qui ferait disparaître leur transparence et la ruche deviendrait inutile pour l'observateur.

Huber, plus hardi que Réaumur, ne voulut rien laisser entre les yeux de l'observateur et les objets à observer. Il inventa les ruches à feuillets, mais ces ruches coûtent fort cher et demandent pour étudier les abeilles des préparations et des soins que l'agriculteur n'a pas le temps d'y consacrer.

La ruche en verre que j'ai modifiée, d'un prix peu élevé, permet aux cultivateurs d'observer facilement les travaux exécutés par les abeilles pendant le cours de la belle saison. (Voir la planche, fig. II.)

Cette ruche est en deux parties ou en deux pièces superposées, mais comme il n'existe pas de plancher de séparation, le travail des abeilles s'y exécute comme dans la ruche d'une seule pièce.

Les châssis sont en bois de largeur et d'épaisseur suffisantes pour y établir solidement un vitrage, ils sont fabriqués de manière à nuire le moins possible à la découverte des objets que l'on veut observer.

La partie basse de la ruche forme un carré de trente-trois centimètres sur toutes les faces, la partie du haut a la même largeur à sa jonction avec celle du bas, afin de pouvoir s'y adapter, la partie haute diminue graduellement jusqu'au sommet, qui, recouvert par une planche à coulisse qui se tire et se remet à volonté, se trouve réduit à seize centimètres carrés. La hauteur de cette partie de ruche est de vingt centimètres.

Pour relier la partie haute au corps de la ruche, deux pitons en fer sont adaptés au milieu des faces antérieures et postérieures des châssis, deux crochets fixés aux points correspondants de la partie haute s'y adaptent et ferment la ruche.

Sur les deux autres faces opposées à celles où se trouvent les crochets et pitons, le châssis de la partie haute porte à son milieu deux pattes de fer qui servent à soulever la partie supérieure de la ruche, lorsque les crochets sont retirés des pitons et à soulever la ruche entière lorsqu'ils sont fermés.

Il existe dans les deux parties ainsi reliées de cette ruche trois rangs de baguettes posées en croisillon, un rang seulement dans la partie du haut et deux dans la partie inférieure.

Ces baguettes sont indispensables pour maintenir le poids de la cire et du miel que les abeilles y fabriquent, et sans lesquelles elles ne pourraient établir leurs rayons,

Une petite ouverture est pratiquée au milieu de l'un des verres de la partie basse de la ruche, à partir du haut du châssis inférieur, ce qui procure l'avantage à l'observateur de reconnaître, avant que les abeilles aient eu le temps de rentrer dans la ruche avec leurs charges, la nature des différentes provisions qu'elles ne cessent d'y apporter.

Elle sert à reconnaître le devant de la ruche, lorsqu'il est utile de la changer de place ; elle facilite la sortie et la rentrée des abeilles dans la ruche et donne de l'air dans l'intérieur.

Cette ouverture doit avoir la forme d'un demi-cercle, elle doit être pratiquée de manière que les abeilles sortent et rentrent facilement, mais que la vermine ne puisse, en aucun temps, s'introduire dans la ruche.

Si les deux parties de la ruche sont remplies de provisions que les abeilles ont travaillées et confectionnées de même que dans la ruche d'une seule pièce, et que le miel s'y trouve en quantité suffisante pour en tirer profit, il est facile de s'en emparer, sans aucun inconvénient pour les abeilles.

L'opération est simple, en enlevant la capote, l'on distingue aisément à travers les verres l'endroit où le miel est le plus abondant, l'on peut également soulever la ruche pour se rendre compte du travail exécuté dans l'intérieur.

Si la partie du haut en est fournie, que l'on désire s'en emparer et conserver les provisions qui sont dans la partie basse, on retire les crochets des pitons qui servent à relier les deux parties de la ruche.

L'on décolle la partie supérieure de celle du bas au moyen d'un instrument pointu que l'on introduit entre les deux parties superposées, l'on soulève légèrement la partie du haut, dans laquelle on fait passer un fil de fer entre les gâteaux qu'elle contient pour parvenir à les séparer de ceux qui se trouvent dans la partie basse de la ruche.

Il faut enlever vivement cette partie haute de dessus la partie du bas et l'emporter hors du rucher, en ayant soin de recouvrir le dessus de cette dernière avec une nappe, à l'effet d'empêcher l'agitation des abeilles qui s'y trouvent réunies en très-grand nombre.

Comme il n'y a qu'une petite quantité d'abeilles dans la partie dont on vient de s'emparer, en les enfumant, elles iront se réunir à celles de la partie basse ou réside la reine, c'est l'endroit qu'elle a choisi pour sa ponte et y faire éclore le couvain, c'est là aussi que se trouve concentrée la plus grande chaleur de la ruche.

Lorsque l'on s'est emparé des provisions que contenait cette partie de ruche ou hausse, on la rapporte à la place où elle se trouvait avant l'opération, en ayant soin de la consolider sur la partie basse comme il a été ci-dessus expliqué.

Si l'on veut faire une dépouille partielle de la ruche ou bien s'emparer de toutes les provisions qu'elle contient, l'on devra procéder de la manière indiquée dans la seconde partie de cet ouvrage.

Il y a plusieurs années, le Comice agricole de notre arrondissement eut lieu à Courtenay, chef-lieu de canton de Montargis (Loiret).

La veille du concours, l'un de mes amis que la mort a malheureusement emporté à la fleur de l'âge, vint visiter ma ruche. Son instruction était profonde ; plusieurs ouvrages théoriques et pratiques sur l'agriculture lui avaient acquis l'estime de nos savants agronomes et la sympathie de ses concitoyens.

Après avoir examiné attentivement ma ruche, il

m'engagea à la soumettre à l'examen des membres du Comice, dont il faisait partie.

Pour lui être agréable, je la fis transporter le matin du jour du concours dans un endroit rapproché du lieu où il se tenait.

Les abeilles que contenait cette ruche ne provenaient pas d'un essaim sorti naturellement d'une mère souche, c'était un essaim artificiel que j'avais fait dans un moment de loisir, deux mois seulement avant le jour du concours.

Les membres du Comice et une foule de personnes vinrent la visiter, au moyen de l'enlèvement de la capote, il fut facile d'admirer la savante architecture construite par mes abeilles. A ce spectacle inattendu et curieux, je reçus de nombreuses félicitations.

Le fruit de mes études me fit décerner une médaille par les membres du Comice.

Plusieurs journaux mentionnèrent ma ruche dans leurs colonnes et m'adressèrent à son sujet les éloges les plus flatteurs.

§ III.

Description des abeilles, les ouvrières, les mâles ou faux bourdons, les reines.

En Europe, on connait plusieurs espèces d'abeilles.

Deux espèces seulement, *Mellitica* et *Ligustica* sont faciles à apprivoiser, les autres sont intrai-

tables et se pillent entr'elles ; il est donc inutile de s'en occuper (1).

Les deux variétés à traiter consistent dans les noires, laborieuses et douces et dans celles que l'on nomme les petites hollandaises ou petites flamandes.

La couleur de ces abeilles est d'un jaune aurore, luisant et poli, elles ont beaucoup de vivacité, d'ardeur et d'activité au travail ; elles sont comme les noires, également douces et se traitent facilement.

C'est l'espèce la plus répandue et la plus recherchée.

Ces abeilles ne se mêlent point ; les ruches sont indépendantes les unes des autres.

Elles forment ensemble une monarchie dirigée par une seule abeille qui porte le nom de reine. J'en parlerai ci-après.

L'abeille ouvrière ou neutre est petite et très-velue, ses ailes sont aussi longues que son corps, l'abdomen est armé d'un aiguillon dont la piqûre est très-douloureuse, les pattes postérieures sont conformées pour exécuter des travaux de récoltes et de constructions ; aussi le premier article du tarse a reçu le nom de pièce carrée, il s'articule avec la jambe par son angle supérieur de manière

---

(1) Il faut, comme les rois, distinguer les sujets.
Les uns n'offrent aux yeux que d'informes objets ;
Leur couleur est pareille à la poussière humide
Que chasse un voyageur de son gosier avide ;
Les autres sont polis et luisants et dorés
Et d'un brillant émail richement colorés.
Préfère cette race, elle seule en automne
T'enrichira du suc des fleurs qu'elle moissonne,
Elle seule au printemps te distille un miel pur
Qui dompte l'âpreté d'un vin fougueux et dur.

(*Géorgiques* de Virgile, traduction de Delille).

à se replier sur elle et à former une sorte de petite pince.

Cet article qui offre deux épines à l'angle opposé à son insertion, est lisse au côté externe, mais sa face interne est garnie de plusieurs rangées de poils roides que l'on nomme la brosse.

La jambe est appelée, en considération de la forme, la palette triangulaire et une petite cavité à la face externe a reçu le nom de corbeille. La brosse sert à récolter le pollen des fleurs sur les étamines, la corbeille sert à l'emporter.

La dénomination d'abeilles ouvrières ou neutres avait donné lieu de croire qu'il existait trois genres d'abeilles, savoir une reine comme seule femelle, des mâles ou faux bourdons et une quantité innombrables d'abeilles ouvrières ou neutres.

C'était une erreur ; une ruche ne se compose réellement que de deux genres, mâles et femelles ; il est bien reconnu aujourd'hui que les abeilles ouvrières ou neutres sont du sexe féminin, la nature n'ayant permis le développement de leur ovaire que dans le cas où elles recevraient dès leur naissance une nourriture particulière.

Ce fait est si positif que dans le cas où les abeilles viennent à perdre leur reine, elles ont la faculté de s'en procurer une autre, ainsi que je l'expliquerai dans le courant de cet ouvrage.

C'est sur les abeilles ouvrières que reposent toutes les charges de la société, elles vont à la recherche des matériaux nécessaires à la construction des édifices de la ruche, seules, elles les construisent et les réparent au besoin.

Elles ramassent également les provisions suffisantes à la subsistance des abeilles, elles soignent et nourrissent avec le plus grand soin la progéniture de leur reine.

Pendant la belle saison, elle entretiennent une

garde aux portes de la ruche, à l'effet d'y empêcher l'introduction de tous corps étrangers et de tous insectes nuisibles à leurs travaux, elles font régner le bon air dans la ruche, elles jettent dehors les nymphes mortes, les cadavres des abeilles ; sans cesse, elles nettoient les alvéoles.

Lorsqu'il se trouve à l'entrée des ruches des escargots, limaces, etc., qui veulent s'y introduire et dont le fardeau est trop lourd pour qu'elles puissent l'emporter, elles les tuent avec leurs aiguillons et les embaument au moyen de fleurs odoriférantes à l'effet de les préserver de la mauvaise odeur que leurs cadavres pourraient occasionner.

Ce fait qui peut paraître extraordinaire est facile à vérifier, il n'a lieu que dans la saison des fortes rosées et dans des temps humides favorables à la circulation de ces animaux destructeurs.

Dès lors, en visitant vos ruches, vous apercevrez sur le bord des tabliers et à l'entrée des ruches, ces ennemis des abeilles restés à la place où ils se trouvaient au moment où ils ont été tués. En les prenant et les flairant, vous pouvez vous convaincre qu'ils n'exhalent aucune odeur désagréable.

Le mâle ou faux bourdon a de grandes ailes, il il est beaucoup plus gros que l'abeille ordinaire ou ouvrière, la tête est plus arrondie, ce qui est dû au grand développement des yeux. Les tarses ont leur premier article allongé, de plus il est très-velu, noir à l'extrémité du corps, il n'a point d'aiguillon et ne travaille pas ; le bruit qu'il fait en volant l'a fait surnommer bourdon.

Dans la saison des essaims, il exhale une odeur tellement forte qu'elle se fait sentir à plusieurs pas des ruches.

La nature a destiné les faux bourdons ou mâles à la fécondation des reines ; ils paraissent ordinairement à la fin d'avril et ne prennent un vol assuré que dans les beaux jours ; il a lieu de midi jusqu'à trois ou quatre heures du soir, il se concentre à l'entour du rucher.

A la fin de l'essaimage et après la fécondation des reines en juillet et août, ils sont chassés des ruches, les abeilles les massacrent impitoyablement et les emportent hors de leurs ruches.

La reine a le corps plus long que les ailes et celles-ci sont plus courtes que celles des mâles et des ouvrières, sa tête est presque triangulaire, les tarses ont leur premier article dépourvu de presse, l'abdomen est muni d'un aiguillon, elle est rousse en dessus et un peu plus jaunâtre en dessous.

Dans les temps de la ponte, elle est très-lourde et légère lorsqu'elle est terminée ; elle ne va pas butiner sur les fleurs.

Les reines abeilles sont destinées à la multiplication de l'espèce, elles maintiennent l'ordre dans la ruche.

Leur fécondation n'a jamais lieu dans les ruches, leur rencontre avec les mâles a lieu dans l'air.

Une reine est indispensable dans chaque ruche. S'il s'en trouve plusieurs, l'aversion qu'elles se portent est si grande, qu'aussitôt qu'elles se rencontrent, elles se battent jusqu'à la mort.

La reine victorieuse devient bientôt la reine de la ruche, elle y est idolâtrée par toute la famille ; un cortège l'accompagne constamment, la vigilance qu'elle exerce dans la ruche tient du prodige ; au moindre bruit qu'elle entend, comme pour en connaître la cause, elle accourt avec tout son cortège,

Telles sont les abeilles qui composent une ruche.

§ IV.

Édifices des abeilles, la ponte des reines le couvain.

Les ruches d'abeilles se composent :

1° De la propolis, espèce de résine d'un brun rougeâtre dont elles font un mastic pour boucher les fentes intérieures de leurs ruches.

Elles s'en servent aussi pour fortifier les attaches de leurs rayons contre les parois des ruches qui, sans ce secours, ne pourraient supporter le poids des provisions qu'elles y apportent.

Les abeilles trouvent cette substance sur les peupliers, les pins, sapins, aulnes, bouleaux et sur toutes les autres espèces d'arbres résineux.

2° De pollen qu'elles ramassent sur les étamines des fleurs.

3° De cire avec laquelle elles construisent leurs édifices.

On prétend que l'espèce de poussière que l'on voit sur les fruits constitue la véritable cire.

4° Et enfin de miel qu'elles rencontrent sur presque toutes les fleurs.

Les premiers édifices que construisent les abeilles sont en cire, ils sont divisés en plusieurs gâteaux verticaux ou parallèles, ils présentent une multitude de petites cases que l'on nomme alvéoles.

Ces alvéoles sont de deux sortes et de différentes grandeurs, les uns servent de berceau aux ouvrières, les autres aux mâles ou faux-bourdons, tous sont employés à y déposer les provisions, mais ils ne servent pas de lieu de repos aux abeilles, qui se tiennent dans les rayons et s'y réunissent pour concentrer la chaleur dans la ruche.

Indépendamment de ces deux espèces d'alvéoles, on trouve dans la saison des essaims et même plus tard, des alvéoles qui n'y ressemblent pas et n'y ont aucun rapport.

Ces alvéoles sont le plus ordinairement placées sur le bord des rayons et les dépassent d'environ un centimêtre; la grandeur du berceau, le poli de l'intérieur de l'ouvrage, les nombreux matériaux qui y ont été employés sont tels, que ces alvéoles sont d'un poids beaucoup plus lourd que les alvéoles ordinaires.

Il est facile de reconnaître que ces alvéoles sont destinés à élever des reines.

Les reines commencent leurs pontes quarante-huit heures après l'accouplement, toujours par des œufs où doivent éclore des abeilles ouvrières. Ces pontes continuent sans interruption pendant la durée de la belle saison, sauf par les temps froids, elles pondent ensuite des œufs de mâles ou faux-bourdons, puis des œufs de jeunes reines; les froids disparus, les pontes deviennent plus abondantes.

Les œufs pondus par les reines se nomment couvain.

De l'œuf éclot un ver qui bientôt devient une abeille, blanche comme la neige, qui porte le nom de nymphe, et prend peu à peu la couleur de l'abeille ordinaire.

L'abeille ouvrière peut prendre son vol le vingt-troisième jour du moment de sa ponte, le mâle ne prend son essor que le vingt-septième et les jeunes reines dès le seizième.

Ces développements dépendent toutefois d'une saison plus ou moins tempérée.

Le centre de la ruche, où se trouve concentrée la plus grande chaleur, renferme le couvain.

§ V.

Essaims naturels. Quantité d'essaims que peut donner une ruche chaque année. Intervalle de leur sortie. Affection des abeilles pour leurs reines.

Ainsi que je l'ai expliqué au paragraphe trois de ce traité, lorsque la reine a terminé sa ponte, ce qui arrive communément dans les mois de mai et de juin, elle est légère et vole facilement.

Si le temps est propice, elle doit sortir avec le premier essaim, pour bientôt recommencer sa ponte dans une nouvelle habitation.

Comme les reines ont une aversion insurmontable les unes contre les autres, ainsi que je l'ai déjà dit dans l'un des précédents chapitres, elles se battent jusqu'à ce qu'il n'en reste plus qu'une seule dans la ruche.

Dès lors, si le temps est contraire à la sortie des essaims, la reine mère détruit toutes les jeunes reines. De cet état de choses, il résulte qu'il n'y a point d'essaims ; mais si le temps est favorable à leur départ, la reine mère déserte la ruche, entraînant avec elle un grand nombre d'abeilles ouvrières et de faux-bourdons ou mâles; c'est ainsi que se forme le premier essaim.

Cet essaim parti, la première des jeunes reines devient la reine de la ruche, s'il existe d'autres cellules royales, de même que la reine mère, elle cherche à les détruire.

Les abeilles ouvrières ayant peu d'affection pour cette jeune reine, qui est encore vierge, entourent les autres cellules royales qui se trouvent dans la ruche, en font une garde sévère, retiennent les jeunes reines captives dans leurs alvéoles et les y nourissent.

Lorsque la jeune reine qui a pris la place de la mère reine cherche à s'approcher des cellules royales, les ouvrières la chassent et l'importunent tellement, que ne pouvant résister à son impatience et à l'horreur que lui inspirent ces cellules royales, elle s'agite, court de tous côtés, communique son mouvement à un grand nombre d'abeilles ; bientôt la chaleur de la ruche devient insupportable et cette reine voulant s'en délivrer déserte la ruche avec une grande partie des ouvrières et des faux-bourdons ou mâles ; c'est de cette manière que se forme le second essaim.

Les troisième et quatrième essaims s'opèrent de la même manière.

Lorsqu'il n'y a plus ou peu d'abeilles pour garder les cellules royales, la reine qui sort après les troisième et quatrième essaims brise sans obstacle toutes les autres cellules royales et il n'y a plus d'essaims.

Au milieu de la confusion qui précède le départ de chaque essaim, il arrive souvent que de jeunes reines retenues captives par les abeilles ouvrières sortent de leurs cellules et vont se joindre à l'essaim.

Lorsqu'il est recueilli et mis en place, ces jeunes reines se battent également jusqu'à ce qu'il n'en reste plus qu'une dans la ruche.

Une ruche peut donner jusqu'à quatre essaims par an ; le premier et le second sont ordinairement bons, les deux autres sont faibles.

Pour les conserver, il faut les fortifier par la réunion de plusieurs dans la même ruche.

Lorsque le temps est favorable à leur sortie, une ruche peut donner ses quatre essaims dans l'espace de quinze à dix-huit jours.

L'intervallle entre le premier et le second est communément de sept à dix jours, il est moins long entre le second et le troisième, le quatrième peut sortir le lendemain du troisième.

Il arrive quelquefois, mais rarement, que l'intervalle de la sortie des essaims est plus rapproché ; ce fait résulte du retard que le mauvais temps a apporté à la sortie des premiers essaims et de la chance qu'ont eue les jeunes reines ou celles en état de larves de n'avoir pas été maltraitées par les reines mères.

Un premier essaim peut en donner un dans le mois de son établissement dans sa nouvelle ruche, souvent ces essaims réussissent.

J'ai voulu me rendre compte de l'affection que portent les abeilles à leurs reines.

Je suis parvenu à mon but en frappant plusieurs coups avec une baguette sur les côtés et sur le bas d'une ruche, la reine se montrait aussitôt, sans doute pour connaître la cause du bruit.

Souvent je m'en emparais et l'emportais à quelques pas du rucher.

Aussitôt que les abeilles s'apercevaient de sa disparition, elles entraient dans une agitation extraordinaire, tant à l'intérieur qu'à l'extérieur de la ruche.

Bientôt attirées par l'odeur de leur reine qui les charme, elles arrivaient à l'endroit où je l'avais posée, se rassemblaient toutes à l'entour et ne rentraient à la ruche qu'avec elle.

Ce fait prouve de la manière la plus évidente que les abeilles ne peuvent se passer d'une reine.

§ VI.

L'influence des hivers sur les abeilles. Nécessité de faire des essaims artificiels.

D'après les observations que j'ai faites, j'ai constamment remarqué qu'à la suite des hivers doux, il y avait peu ou point d'essaims, tandis qu'au contraire dans les hivers rigoureux, les ruches en produisaient un grand nombre.

En voici la cause, les reines abeilles comme je l'ai dit plus haut, ont un ordre régulier dans leurs pontes, elles ne l'intervertissent jamais, le refroidissement de la température peut seul en suspendre les pontes, mais lorsqu'elle se radoucit, elles recommencent dans le même ordre.

Dès lors, si les hivers sont doux, la ponte des reines est nécessairement accélérée, les faux-bourdons ou mâles et les jeunes reines naissent en février et mars, tandis que dans les hivers rigoureux leur naissance n'a lieu qu'en mars et avril.

Conséquemment une température avancée donne le temps aux reines mères de détruire les jeunes reines, ce qui fait que les essaims manquent.

Pour parer à cet inconvénient; on est forcé d'avoir recours aux essaims artificiels, j'en parlerai en temps utile.

§ VII.

Le travail des abeilles. Leurs maladies. Leurs ennemis. Durée des ruches.

Les travaux des abeilles commencent avec les premières fleurs du printemps et se prolongent pendant toute leur durée.

C'est alors qu'a lieu la plus grande ponte des reines ; aussitôt terminée, les abeilles ne demandent que peu de soins.

Les maladies des abeilles les plus connues consistent dans :

1º La dyssenterie, qui se manifeste ordinairement en février et mars ; l'on s'en aperçoit lorsqu'à l'entrée des ruches ou sur les tabliers l'on y découvre des taches jaunes larges comme des lentilles.

Les abeilles prennent la dyssenterie en mangeant du miel qui est resté dans les alvéoles depuis longtemps abandonnés, le miel s'y est aigri et corrompu par suite de la décomposition des pellicules laissées par chaque larve.

Le plus sûr moyen pour guérir cette maladie est d'enfumer la ruche attaquée à plusieurs reprises, de nettoyer proprement le tablier et de le saupoudrer de sel. L'on doit donner aux abeilles pendant le cours de cette maladie du sirop composé, ainsi que je l'expliquerai dans la seconde partie de cet ouvrage.

2º La rougeole causée par un miel qui se corrompt dans les alvéoles, la cire est tenace et rougeâtre.

Cette maladie provient le plus souvent des cha-

tons des marsaults, des coudriers et d'autres arbres
de même nature que les abeilles vont y cueillir.

Comme ces chatons précèdent de quelques jours
seulement les fleurs printanières, les abeilles qui
n'en sont pas friandes les délaissent pour recourir
aux autres fleurs qui leur plaisent d'avantage, de
sorte que ces chatons restent dans les alvéoles dans
le même état qu'au moment où les abeilles les y
ont déposés.

Ces alvéoles étant abandonnés par les abeilles, la
cire se corrompt, c'est ce que vulgairement l'on
nomme terreau.

Le meilleur remède à cet inconvénient, si les
chatons se trouvent dans la ruche en trop grande
abondance, c'est de changer les abeilles de panier.

3° La moisissure causée par l'humidité ; on la re-
connaît facilement à l'odeur, c'est là le cas d'enfumer la ruche, d'en ôter les rayons les plus attaqués
et de frotter le tablier avec des fleurs odoriférantes.

4° La fausse teigne dont je parlerai ci-après dans
un paragraphe spécial.

5° Les poux qui s'attachent sur les abeilles.

Il faut les enfumer et mettre sur le tablier de la
ruche une brique que l'on fait chauffer à un degré
suffisant et verser sur le dessus quelques gouttes
de vinaigre.

6° Le dégoùt qui provient de diverses causes, no-
tàmment d'insectes qui se sont introduits dans la
ruche et le plus souvent lorsqu'une ruche a trop
essaimé.

Afin d'éviter que les abeilles désertent leurs
ruches, il faut autant que possible ôter tous les insectes qui leur nuisent, le plus sûr, si les abeilles
sont assez nombreuses, est de leur procurer une
nouvelle habitation.

7° Et enfin l'engourdissement qui provient du
trop grand nombre de provisions qui se trouvent

dans la ruche et souvent aussi de froids rigoureux.

Pour les raviver, il faut arroser les rayons avec de l'eau-de-vie, mêlée de sucre et d'écorces de citron, et enfin les parfumer avec des plantes aromatiques.

Les abeilles ont de nombreux ennemis à combattre, tels que guêpes, mulots, araignées, papillons et une foule d'oiseaux au nombre desquels se trouvent les mésanges, les hirondelles, etc.; il faut leur faire une guerre acharnée.

La plupart des cultivateurs prétendent qu'une ruche est vieille et ne peut plus prospérer lorsqu'elle a atteint quatre ou cinq années.

C'est un fait sujet à controverse ; en effet, les provisions des abeilles sont en partie consommées pendant les hivers et se renouvellent à chaque printemps, les abeilles ouvrières qui sans cesse, sont exposées aux changements atmosphériques, périssent souvent en grand nombre au milieu des champs occupées de leurs travaux, avant d'avoir pu regagner leurs ruches.

Dès lors, si une ruche a été bien soignée, dépouillée partiellement chaque année, elle se rajeunit au moyen des nouveaux travaux que les abeilles s'empressent d'y établir.

Je possède encore des ruches d'abeilles qui datent de plus de dix ans, elles produisent autant de marchandises et d'essaims que des ruches beaucoup plus jeunes.

Cependant, si les agriculteurs avaient négligé de soigner convenablement leurs abeilles, qu'ils apperçussent de vieilles provisions dans leurs ruches, qu'elles désertassent les gâteaux où se trouvent les provisions, il leur sera facile de les rajeunir, au moyen du transvasement dont je parlerai ci-après.

§ VIII.

La chenille de la galerie de la cire.
Son papillon

Le plus dangereux ennemi des abeilles est sans contredit la chenille de la galerie de la cire : elle s'insinue dans les ruches, en mange et en détruit la cire.

L'on reconnait la présence de cette chenille quand sur le tablier qui porte la ruche, on voit des excréments qui sont noirs et semblables à la poudre à canon, les naturalistes la définissent ainsi.

Son papillon commence à paraître dans le mois d'avril, il est de la tribu des pyraliens qui ne volent que pendant la nuit; il porte des ailes couchées, sa femelle profite de la nuit pour s'introduire dans les ruches et déposer ses œufs dans l'extrémité de quelques gâteaux.

De chaque œuf, il sort peu de jours après une chenille lisse, rase et d'un blanc sale, ayant la tête brune et écailleuse, elle s'enferme dans un petit tuyau de soie blanche qu'elle colle contre les rayons de cire dans laquelle elle trouve sa nourriture en allongeant la tête hors de son fourreau. Lorsque l'aliment lui manque, elle allonge son tuyau qui, d'abord n'étant que de la grosseur d'un fil, devient insensiblement de la grosseur d'une plume à écrire.

Cette chenille dévastatrice se multiplie quelquefois à un point que les gâteaux sont hachés, que le miel coule et que les abeilles sont forcées d'abandonner leurs ruches.

Quand cette chenille est parvenue à son point de croissance, elle subit les métamorphoses communes à toutes les chenilles, elle quitte sa galerie, se retire dans un coin de l'intérieur de la ruche, file une coque blanche dans laquelle elle s'enferme pour en sortir papillon, s'accoupler et rentrer dans les ruches pour y déposer ses œufs.

Il est peu de moyens pour détruire cette chenille, qui commence à paraître en avril et ne finit qu'en octobre.

L'on pourrait espérer de sauver les ruches si la population était assez nombreuse au moment où l'on s'aperçoit de l'existence des fausses teignes, en coupant la portion des gâteaux envahis, de manière à mettre les abeilles à même de détruire les larves de la fausse teigne, de les tuer et de les jeter hors de leurs ruches.

Si la ruche est faible, la population est entièrement perdue.

Lorsque les ruches sont infestées de cet ennemi, le plus prudent est d'enlever la ruche infestée et d'en faire sortir les abeilles par le procédé que j'indiquerai dans la seconde partie de ce traité, si toutefois il existe dans la ruche une quantité suffisante d'abeilles pour pouvoir former une ruche nouvelle.

Après cette sortie, il faut brûler la ruche avec tout son contenu, car elle ne peut plus être utilisée, les provisions qui s'y trouvent ne sont bonnes à rien.

J'ai eu l'occasion d'expérimenter le fait, en extrayant des gâteaux envahis par cette chenille : quelques jours après, ils étaient complètement hachés et hors d'état d'être utilisés.

§ IX.

Des essaims en général.

Les essaims composent une nouvelle ruche, parmi lesquels se trouvent une reine, de nombreuses abeilles ouvrières et une foule de mâles ou faux-bourdons.

Les abeilles ouvrières ou neutres naissent dans tous les mois de l'année; le froid, ainsi que je l'ai déjà dit, retarde seul leur accroissement, mais ne les fait pas périr.

Il n'en est pas de même des mâles ou faux-bourdons, qui sont sensibles au froid et ne doivent naître qu'en avril, mai et juin.

Les jeunes reines craignent encore plus le froid que les faux-bourdons, elles ne sortent de leurs ruches que pour aller à la recherche des mâles et se mettre à la tête des essaims.

C'est ordinairement dans les mois de mai et de juin que les abeilles construisent le plus d'édifices en cire.

Cinq mille abeilles pèsent ordinairement une livre, mais quand elles partent en essaims, elles sont plus lourdes, parce qu'elles emportent les provisions nécessaires pour vivre pendant quelques jours et des matériaux pour commencer leurs travaux dans une nouvelle demeure.

Un essaim qui ne pèse que deux ou trois livres est faible, médiocre s'il pèse quatre livres, il est fort s'il en pèse cinq.

Il y en a quelque fois de sept à huit livres, mais ils ne sont pas à désirer, parce qu'ils énervent la mère ruche, qui périt souvent avant le printemps suivant.

L'on pourrait peut-être la conserver en donnant aux abeilles qui y sont restées de la nourriture ou bien en la fortifiant par un essaim faible.

§ X.

Abeilles dont la population est nombreuse et qui restent dans l'inaction.

Lorsque toutes les abeilles d'une ruche ne peuvent plus se loger dans son intérieur, une partie vient se grouper sous son tablier et reste inactive pendant la belle saison.

Pour remédier à cet état de choses, il s'agit d'ajouter une hausse vide par le bas de la ruche, à l'effet de procurer aux abeilles un emplacement suffisant pour qu'elles puissent s'y loger et y travailler.

Si la ruche est de deux pièces et que son couvercle soit plein, il faut s'en emparer et le remplacer par un couvercle vide.

M. Lombard indique une méthode qui consiste à mettre sous les ruches des cales de plusieurs centimètres d'élévation, pour donner la faculté aux abeilles de prolonger leurs rayons; lorsque cette élévation est remplie, l'on coupe et l'on raccourcit les rayons, afin de pouvoir placer la ruche sur son tablier.

En effet, l'on voit toujours avec déplaisir des groupes d'abeilles rester en inaction au moment où la belle saison les invite à travailler avec activité. Cependant ces groupes ne sont pas assez considérables pour composer un essaim ou pouvoir les transvaser; d'ailleurs l'on n'y trouverait point de reines, parce qu'elles se tiennent dans le centre de la ruche.

Par le moyen des cales, les abeilles rentrent aussitôt dans la ruche, travaillent à prolonger les rayons et remplissent promptement le vide qui existe entre la cale et la ruche.

§ XI

Quelles sont les causes des combats des abeilles entre elles, et du pillage des ruches.

Lorsque les abeilles ont été négligées, il existe une foule de cas qui les fait périr. Malgré la ponte multipliée des reines, la population des ruches s'affaiblit chaque année.

Quand les abeilles ouvrières vont au loin butiner sur les fleurs, souvent elles se trouvent surprises par les pluies, les grands vents, les orages, elles périssent au milieu des champs, sans avoir le temps de regagner leurs demeures.

La population décroît encore par suite des nombreuses maladies auxquelles elles sont assujéties (1).

(1) Comme nous, cependant, ces faibles animaux,
    Éprouvent la douleur et connaissent les maux ;
    Des symptômes certains toujours en avertissent :

Les ruches faibles, les essaims tardifs ne peuvent se suffire à eux-mêmes, il faut leur venir en aide en les nourrissant et employer tous les moyens possibles pour faire disparaître les maladies dont elles sont atteintes.

Les abeilles dont la population est faible ou malade s'apercoivent promptement qu'il leur sera impossible d'approvisionner leurs ruches, elles se découragent, travaillent peu ou pas du tout.

Les abeilles dont les ruches sont bien garnies les attaquent, pénètrent dans l'intérieur des ruches, en tuent considérablement et pillent les provisions qui s'y trouvent.

La mort de leur reine est encore pire, car il n'y a plus d'espoir de les sauver ; les abeilles, sans reine, ne travaillent plus, elles vivent sur les provisions qui existent dans la ruche, bientôt elles manquent de vivres et viennent se faire tuer à l'entrée des autres ruches où elles cherchent à se réfugier.

Leurs ruches ainsi délaissées, il n'y a plus de combats, les abeilles des fortes ruches les pillent sans cesse impunément.

On pourrait sauver la ruche en état de pillage, s'il existait encore une quantité d'ouvrières, des

> Leur corps est décharné, leurs couleurs se flétrissent ;
> On les voit dans leurs murs, languir empoisonnés,
> Ou bien suspendre au seuil leurs essaims enchaînés.
> Tantôt leur troupe en deuil autour de ses murailles,
> Accompagne des morts les tristes funérailles ;
> Tantôt le bruit plaintif de ce peuple aux abois
> Imite l'aquilon murmurant dans les bois,
> Et le reflux bruyant des ondes turbulentes,
> Et le feu prisonnier dans des forges brûlantes.
> Veux-tu rendre à l'abeille une utile vigueur ?
> Que des sucs odorants raniment sa langueur,
> Et dans des joncs du doux nectar qu'elle aime,
> A prendre son repas, invite-la toi-même,
> Joins-y du raisin sec, du vin cuit dans l'airain,
> Ou la pomme du chêne, ou les vapeurs du thym.

mâles et du couvain, l'on mettrait la ruche à petites ouvertures et l'on prendrait dans les ruches peuplées et remplies de provisions un rayon de miel contenant un alvéole royal, dans lequel se trouverait du couvain, que l'on fixerait dans la ruche au pillage.

On la sauverait plus certainement encore, si l'on avait un essaim faible ; en le faisant entrer dans la ruche les abeilles s'y réuniraient sans aucune difficulté.

Pour parvenir à bien les réunir, il faut enfumer les deux ruches, placer la ruche qui manque de reine dessus le petit essaim qui en possède une, frapper cette ruche avec deux petites baguettes, à l'effet d'y faire monter les abeilles qu'il contient, ainsi que la reine.

Ce procédé réussit constamment, la population se trouvant augmentée, les abeilles se défendent et le pillage cesse.

Il finit plus promptement encore au moyen des ruches à couvercles, en faisant monter les abeilles d'un petit essaim dans un couvercle vide en le substituant à celui de la ruche au pillage et en enlevant avec rapidité le couvercle de la ruche ou se trouvait le petit essaim.

Les abeilles qui n'avaient pas de reine, en apercevant une, l'adoptent aussitôt, la réunion s'opère sans combat.

On ne doit toutefois s'occuper de la conservation de ces ruches que lorsque le pillage ne fait que de commencer, autrement il serait préférable de les abandonner, par le motif qu'il serait très-difficile, pour ne pas dire impossible de les sauver.

Lorsque les essaims sont faibles et les ruches trop dépeuplées, il faut les fortifier au moyen de la réunion de deux ou trois essaims, il est rare que les abeilles ne réussissent pas.

§ XII.

De l'engourdissement des abeilles. Comment les raviver quand elles paraissent mortes.

Si les abeilles manquent d'une chaleur suffisante dans les ruches, elles se tiennent amoncelées et serrées les unes contre les autres, l'état complet d'inaction dans lequel elles se trouvent démontre d'une manière évidente qu'elles sont saisies par le froid.

Des milliers d'entre elles n'ont plus la force de se maintenir avec les muscles de leurs jambes dans celles des autres, elles se détachent de la masse et tombent en pelotons sur le tablier de la ruche, elles ne peuvent plus se relever et meurent.

En visitant les abeilles ainsi atteintes par un froid rigoureux, les tabliers des ruches en sont couverts, les abeilles sont dans un tel état de léthargie qu'on les croirait mortes, celles qui se tiennent encore entre les gâteaux sont dans le même état.

Si ce fait désastreux n'existe que depuis deux ou trois jours, on peut les rappeler à la vie en les mettant dans un endroit où il existe un degré de chaleur suffisant pour les raviver ou bien en les approchant d'un feu doux.

Lorsque les abeilles sont réchauffées, peu à peu elles se ravivent et reprennent leur vigueur naturelle. Si le froid devient moins rigoureux, on peut remettre la ruche à sa place; si, au contraire, il continue, il faut boucher les ouvertures de la ruche en y laissant un peu d'air et la placer dans un lieu tempéré en attendant de meilleurs jours.

§ XIII.

Manière de mêler les essaims faibles ou de les réunir à leurs souches.

L'on prend des couvercles dans lesquels il n'y a point de baguettes. L'on recueille les essaims séparément dans chaque couvercle.

Le soir du jet, on enlève de dessus son tablier la ruche dans laquelle on veut marier un essaim, on frappe fortement sur le tablier le couvercle où se trouve l'essaim. Les abeilles qui ne sont retenues par aucune attache y tombent en masse, l'on doit se hâter de replacer la ruche sur son tablier, en ayant soin de ne pas écraser d'abeilles, l'une des deux reines est bientôt tuée par l'autre, les abeilles se réunissent à la reine qui survit et dès le lendemain elles travaillent avec une grande activité, ces réunions d'essaims prospèrent presque constam--ment.

§ XIV.

Ruches contestées ou volées prospèrent rarement. Usage parmi les villageois de mettre leurs ruches en deuil, lors de la mort du propriétaire des abeilles.

Le titre de ce paragraphe étonnera sans doute et pourra donner lieu aux personnes incrédules de m'accuser de superstition. Je l'avouerai franchement, je me serais abstenu de me prononcer sur des faits qui tiennent du prodige, mais qu'une longue expérience a pu seule me faire connaître.

Les affaires de famille dans lesquelles j'ai souvent été appelé comme conseil m'ont mis en rapport avec un grand nombre de cultivateurs et ont beaucoup contribué à étendre mes notions sur les abeilles ; j'en ai recueilli de précieux renseignements.

Bien que dans nos environs l'apiculture soit arriérée, il est rare néanmoins qu'un cultivateur ne possède pas quelques paniers d'abeilles.

C'est au décès du père de famille que souvent surgissent des contestations sur le partage des ruches, les héritiers du défunt sont loin de penser que ces querelles influent sur la destinée de leurs abeilles.

Il en est cependant ainsi ; les auteurs s'accordent à dire que les abeilles ont des sens : pourquoi ne serviraient-ils pas à leur faire comprendre un malheur domestique qui finit par les atteindre ?

En effet, les abeilles privées des soins que leur donnait leur propriétaire et des marques d'affection auxquelles il les avait habituées, ne tardent pas à s'apercevoir d'un changement qui leur est préjudiciable.

Il est certain qu'à la mort d'un propriétaire d'abeilles, l'on entend dans les ruches un bourdonnement confus et plaintif.

C'est alors que les villageois attachent à chaque ruche un signe funèbre, bientôt les abeilles se calment et s'empressent de reprendre le cours de leurs travaux.

J'ai souvent reconnu ce fait, qui d'ailleurs, le cas échéant, est facile à vérifier.

Les ruches volées ne profitent aux voleurs que s'ils les vendent immédiatement. Il a été constaté que des ruches d'une telle provenance apportaient peu d'ardeur au travail et qu'elles finissaient, dans un temps plus ou moins rapproché, à se perdre dans les champs et à laisser ainsi la ruche déserte.

§ XV.

Des sens des abeilles.

Les auteurs s'accordent à dire que les abeilles ont les yeux disposés de manière à voir le jour et la nuit, aussi une grande partie de leurs travaux se font dans l'obscurité et leurs récoltes en plein jour.

Le bruit continuel qui a lieu au printemps dans leurs habitations pendant la nuit donne lieu de croire que les travaux ne sont interrompus que pendant les nuits froides ou que les matières manquent, et que si les abeilles ne sortent pas la nuit pour aller aux provisions, c'est l'instinct qui les guide, car leurs courses seraient inutiles, par le motif que la sève des plantes et des arbres ne fournit pendant la nuit aucune espèce de miel.

Le sens du toucher paraît principalement placé dans les antennes, lorsque deux abeilles se rencontrent, elles se touchent souvent par ces parties qui paraissent très-sensibles, et si on le leur coupait, il leur serait impossible de pouvoir se diriger.

L'odorat des abeilles est très-fin, on les voit sortir des ruches attirées par les émanations des fleurs, voler en droite ligne pendant une lieue et souvent contre le vent, pour y aller chercher les plantes qui leur permettent de se procurer d'abondantes provisions.

On prétend que, lorsque le vent est violent, les abeilles se lestent avec des grains de sable qu'elles

tiennent entre leurs pattes et qu'elles s'en débarras-
sent en échange des matières nutritives qu'elles
prennent sur les fleurs et qu'ainsi lestées, elles reviennent facilement à leurs habitations.

§ XVI.

Divers moyens à employer pour faire passer l'hiver aux abeilles sainement et chaudcment.

Le lieu qui sera assez chaud pour conserver la
vie aux abeilles qui se trouvent dans les ruches
très-peuplées, ne le sera pas assez pour des ruches
dont la population est faible. Ces dernières périront
dans une serre ou dans tous autres lieux, tandis
qu'au contraire, les autres se conserveront en plein
air.

Quand la faim fait périr les abeilles, il ne s'en ré-
chappe pas une.

Les abeilles que l'on tient à couvert dans des ruches fermées de toutes parts, sont beaucoup plus
sujettes aux maladies que celles dont les ruches ont
été laissées en plein air et ont une ouverture par
laquelle l'air puisse se renouveler.

Dans les ruches closes, l'air se corrompt de jour
en jour, il est infecté de l'odeur des abeilles qui
meurent et qui pourrissent dans la ruche ; c'est ce
qui fait que malgré les risques que l'on fait courir
aux ruches qu'on laisse pendant l'hiver en plein
air, un grand nombre d'apiculteurs préfèrent ce
moyen.

M. l'abbé de la Ferrière après avoir vérifié les
inconvénients qu'il y a de part et d'autre, se détermine sagement pour un parti moyen, il veut qu'on

laisse toutes les ruches fortes exposées à l'air et que l'on transporte les ruches faibles dans des serres.

En effet, les ruches bien peuplées sont toujours en état de se défendre contre les plus grands froids. Il n'en est pas de même des ruches faibles. Cependant, je crois qu'il est plus sûr de laisser les ruches dans les endroits où elles sont placées.

L'on doit, dans ce cas, bien abriter les ruches avec de courtes bottes de paille que l'on attache solidement autour du surtout; par ce moyen, l'on préservera les abeilles des froids les plus rigoureux.

Il faut pendant ces temps désastreux avoir une surveillance active, afin que si ces couches de paille étaient dérangées par les grands vents ou par toute autre cause, l'on puisse de suite y remédier.

§ XVII.

Mener paître les abeilles.

L'usage de mener les abeilles au pâturage remonte à une haute antiquité.

Chez toutes les nations, on les transporte des pays de plaine où les fleurs cessent, dans les forêts ou dans leurs voisinages.

Les propriétaires de la Beauce ou d'autres contrées, mènent paître leurs abeilles dans la forêt d'Orléans et dans les forêts les plus rapprochées de leurs habitations.

La conduite des abeilles au pâturage ne doit, autant que possible, s'effectuer que pendant la nuit et n'arriver au lieu de leur destination qu'avant le lever du soleil.

Les propriétaires qui sont à portée des forêts et ont un grand nombre de ruches peuvent être assurés, en prenant ce parti, de se procurer d'abondantes récoltes.

Toutefois, ce moyen ne doit être employé qu'en grand, comme je viens de le dire, autrement il serait plus coûteux que profitable.

J'expliquerai, dans la seconde partie de cet ouvrage, l'époque à laquelle il est convenable de mener les abeilles au pâturage, de les ramener, et enfin ce que l'on doit faire des ruches remplies de provisions au moment de leur retour.

Je démontrerai dans l'un des paragraphes suivants que la loi sur les abeilles doit être modifiée, notamment en ce qui concerne l'époque de leur conduite au pâturage et celle de leur retour.

§ XVIII

Faculté qu'ont les abeilles ouvrières de se procurer des reines.

Si les abeilles ouvrières viennent à perdre leurs reines et qu'il se trouve dans l'une des ruches des vers d'ouvrières de l'âge de trois jours et au-dessous, ainsi que je l'ai précédemment expliqué, elles aggrandissent plusieurs des cellules où il existe du couvain, elles donnent à ce couvain une nourriture différente et en plus forte dose, les vers élevés de cette manière, au lieu de se convertir en abeilles ouvrières, deviennent de véritables reines.

J'ai eu l'occasion d'expérimenter différentes fois ce fait, sur lequel d'ailleurs tous les auteurs sont d'accord.

§ XIX.

Essaims artificiels, manière de les faire.

Dans le paragraphe VI de ce traité, j'ai fait connaître le motif qui doit forcer les propriétaires d'abeilles à recourir aux essaims artificiels.

Avant d'indiquer la manière de faire ces essaims, il me paraît indispensable de développer quelques principes dont la connaissance est essentielle pour la réussite de ces opérations :

1° L'on ne doit jamais faire d'essaims artificiels s'il n'y a pas de couvain dans les alvéoles royaux, ou des œufs ou larves d'ouvrières de trois jours au plus dans la ruche ;

2° Il ne faut faire ces essaims artificiels que lorsqu'ils y a des mâles en état d'insectes parfaits, car encore bien que les abeilles qui manquent de reines puissent facilement s'en procurer avec des œufs et et des vers d'ouvrières, ainsi que je l'ai déjà expliqué, cés reines deviendraient inutiles à la postérité si elles n'étaient pas fécondées par l'accouplement avec les mâles ;

3° L'on ne doit faire d'essaims artificiels que dans la saison où ils devraient partir naturellement et lorsque l'on a la certitude que les abeilles n'essaimeront pas.

Les essaims que l'on ferait plus tard n'auraient pas assez de temps pour se pourvoir de provisions en quantité suffisante à la multiplication de l'espèce et la population serait toujours faible.

Pour faire des essaims artificiels, on choisit un beau jour. L'on peut opérer depuis neuf à dix heures du matin jusqu'à deux ou trois heures du soir, par

le motif qu'à cette époque de la journée une grande
partie des ouvrières sont allées butiner sur les
fleurs.

On dépouille la ruche de son surtout, on la décolle du plateau, on enfume les abeilles, ensuite on
enlève la ruche après l'avoir vérifiée, afin de se conformer aux principes que j'ai exposés ci-dessus, on
la retourne, on la porte à une certaine distance du
rucher, on la recouvre d'une ruche préparée exprès
et on enveloppe avec une nappe ou une lisière assez
large les deux ruches au point de leur jonction pour
boucher hermétiquement les fentes et les entrées
des ruches.

On met une ruche vide à la place de celle qu'on
a enlevée afin d'amuser les abeilles qui reviennent
des champs et les empêcher ainsi d'entrer dans les
ruches voisines, où elles se feraient tuer.

On frappe alors la ruche pleine dans la partie la
plus basse avec deux baguettes que l'on tient de
chaque main, on continue à battre en remontant,
jusqu'à ce que l'on entende un fort bourdonnement
dans la ruche supérieure.

Alors on détache la nappe ou la lisière et on soulève doucement la ruche vide, en examinant avec
attention de quel côté montent les abeilles pour ne
pas interrompre la chaine qu'elles forment, on l'é-
lève un peu du côté opposé à la chaine, et si l'on
pense qu'il se trouve dans la ruche une quantité
suffisante d'abeilles, c'est-à-dire si le quart de la
ruche est rempli, on sépare les deux ruches et l'on
emporte l'essaim à une certaine distance.

S'il n'y avait pas assez d'abeilles montées, on
frapperait de nouveau avant de séparer les deux
ruches. L'on ne doit pas craindre de faire l'essaim
trop fort, parce que les ouvrières qui sont aux
champs retournent à la mère ruche et que plusieurs
des abeilles de l'essaim y reviennent aussi.

Le point essentiel est de ne pas laisser la reine dans la mère ruche, car les abeilles y retourneraient et il faudrait recommencer l'opération.

On sait bientôt si la reine est avec l'essaim, car l'ordre s'y établit promptement. Des ouvrières sonnent le rappel à la porte de la ruche pour y faire entrer celles qui voltigent autour; si le silence y règne, si l'on voit des ouvrières sortir et après quelques mouvements retourner à la mère ruche, on peut être sûr que l'opération est manquée.

La ruche mère en fournit également l'indice, si la reine n'y est plus, les ouvrières qui y rentrent n'en sortent pas, le plus grand silence règne pendant quelques heures. Bientôt la vue des alvéoles royaux ou des œufs d'ouvrières leur rend le courage et elles reprennent leurs travaux avec la plus grande ardeur.

Si, le lendemain, les ouvrières n'allaient pas aux champs, ce serait un indice certain qu'elles n'auraient aucun moyen de réparer la perte de leur reine. La ruche serait perdue si on ne lui rendait pas l'essaim ou si on ne lui fournissait pas du couvain de reine, ou propre à le devenir, ainsi que je l'ai expliqué dans le cours de cet ouvrage.

§ XX.

Admiration que causent les abeilles pendant la belle saison, en observant leurs travaux au moyen de la ruche en verre.

L'homme le plus flegmatique, le plus indifférent, ne saurait résister à l'admiration que causent les abeilles pendant la belle saison.

Qu'il s'approche d'un rucher par un temps calme et sans nuages, il apercevra une quantité prodigieuse d'abeilles occupées activement aux travaux de la peuplade et y procédant avec un ordre et une symétrie qui véritablement tiennent du prodige. •

Les unes arrivent des champs chargées de matériaux et de provisions, les autres sortent en foule de la ruche pour se livrer à de semblables travaux.

L'activité est telle, que souvent elles se heurtent à l'entrée de la ruche, celles qui reviennent des champs et rentrent, confient à celles de leurs compagnes spécialement destinées dans l'intérieur de la ruche à confectionner la cire et le miel, les provisions qu'elles ont recueillies.

Il est tel instant où il n'en sort presque plus ; bientôt celles qui viennent de butiner sur les fleurs arrivent en foule aux portes de la ruche, qui deviennent souvent insuffisantes, pour qu'elles puissent y rentrer facilement.

En regardant en l'air, on s'aperçoit de suite que la cause qui les fait rentrer avec tant de précipitation est occasionnée par un nuage ou une nuée pronostiquant une grande pluie et dont elles cherchent à se parer, toutes ne peuvent pas y parvenir, les ouvrières encore faibles et celles qui se sont laissées entrainer trop loin à la recherche des fleurs se laissent souvent surprendre.

Que l'on examine dans un temps ordinaire le travail des abeilles, on en verra la plupart du temps une seule faire tous ses efforts pour tirer hors de la ruche le cadavre de l'une de ses compagnes, bientôt elle s'envole, emportant avec elle ce cadavre, qu'elle laisse tomber le plus loin possible de la ruche. Une seule abeille emporte avec facilité une nymphe blanche ou une jeune abeille morte.

C'est toujours au moyen de la ruche en verre que l'on peut se rendre compte des travaux qui s'opèrent sans cesse avec tant d'ordre dans l'intérieur des ruches.

Quel étonnant et ravissant spectacle de voir des milliers d'abeilles occupées à des travaux aussi variés !

Il en est qui sont chargées de nettoyer et de construire les alvéoles, d'autres de soigner et d'élever le couvain.

Il est des groupes d'abeilles qui paraissent tranquilles et forment toutes sortes de figures, quelquefois, rassemblées en petit nombre, ces groupes représentent des chaines dont les chainons sont animés, et parfois ces chaines sont disposées en forme de guirlandes ; mais les abeilles dont ces groupes sont quelquefois considérables, ont aussi leurs occupations, la position qu'elles occupent leur est indispensable pour sécreter la cire.

Chaque abeille est attachée par les deux jambes antérieures, ou seulement par une des jambes, aux jambes postérieures de celle qui la précède.

§ XXI.

Durée de la vie des abeilles ouvrières, des faux-bourdons ou mâles, des reines.

J'ai dit plus haut que les abeilles ouvrières se renouvelaient chaque année et que les mâles ne vivaient que quelques mois, par le motif que leur mort n'est pas naturelle ; puisqu'ils sont massacrés par les abeilles ouvrières aussitôt qu'ils leur deviennent inutiles, ce qui arrive toujours à la fin de l'essaimage.

Alors elles se trouvent en nombre suffisant pour

échauffer le couvain et comme les mâles ou faux bourdons ne travaillent pas, qu'ils ne servent qu'à la multiplication des abeilles, qu'à cette époque de l'année, ils sont complétement inutiles à la colonie et qu'ils consomment sans profit les provisions qu'elles ont amassées, leur instinct les porte à les détruire.

Il n'en est pas de même de l'existence des reines ou mères abeilles. Comme elles ne sortent des ruches que pour se faire féconder et se mettre à la tête des essaims, et qu'elles sont constamment en sureté dans leurs ruches, elles doivent parcourir communément l'espace de temps que la nature a marqué pour leur existence. Le moment de leur mort doit être celui où elles ne peuvent plus remplir leur destinée, qui consiste à multiplier leur espèce.

Comme le sort de la famille dépend de l'existence des reines, on pourrait supposer qu'elles succombent pendant la ponte des ouvrières, ce qui mettrait ces abeilles à même de les remplacer.

Plusieurs auteurs disent avoir vu la même reine conduire un essaim deux années de suite; mais l'expérience étant difficile n'a pas été suivie. On ne peut donc rien affirmer de positif sur la durée de la vie des reines, que les anciens cependant supposaient être de sept ans.

§ XXII.

Observations sur les ruches en général.

Je vais expliquer pourquoi je n'emploie pas les ruches à hausse à divers compartiments.

Le motif en est simple et facile à comprendre. Les

abeilles, par leur nature et pour la conservation de la famille, savent qu'il leur indispensable de ne former qu'un seul groupe qui leur permet de maintenir la chaleur dans leurs ruches, toutes ces cloisons qui les séparent contrarient leur instinct, elles préfèrent rester inactives plutôt que de se diviser en plusieurs pelotons (1).

Il en résulte qu'elles font beaucoup moins de travaux dans ces sortes de ruches que dans celles d'une seule pièce. Souvent elles les abandonnent et il est facile aux propriétaires de s'apercevoir que ces ruches leur sont peu profitables.

Un fait constant que l'expérience m'a souvent démontré, c'est que les abeilles veulent un logement proportionné à leur nombre, qu'elles se déplaisent et travaillent avec peu d'ardeur dans une ruche trop grande qu'elles finissent par délaisser, ou que, si elle est trop petite, elles s'épuisent en essaims qui sont faibles et réussissent fort rarement.

L'on doit donc proportionner la grandeur des ruches à la force des essaims. L'on pourrait facilement se procurer des ruches des différentes dimensions.

§ XXIII.

Plantes qui fournissent le meilleur miel.

Toutes les plantes aromatiques produisent d'excellent miel et d'une qualité supérieure, les thyms,

---

(1) *Note de l'auteur.* Je désirais consacrer spécialement la première partie de cet ouvrage à la théorie de l'histoire naturelle des abeilles, mais je me suis trouvé dans la nécessité d'y joindre quelques notions pratiques ou économiques qui s'y rattachent tellement qu'elles sont indispensables à l'intelligence de cette première partie.

les romarins, les sarriettes, les bruyères, les sain-
foins, et enfin une foule d'autres fleurs qu'il serait
difficile et trop long de pouvoir énumérer.

Les fruits à noyaux et à pépins sont sans cesse
couverts d'abeilles, les labiées, les rosacées, les lé-
gumineuses, sont très-recherchées par les abeilles.
Parmi les arbres étrangers, les citronniers, les oran-
gers, les acacias, fournissent aux abeilles un miel
exquis.

Toutes les plantes ne fleurissent pas à la même
époque; certaines fleurs précèdent le printemps,
elles sont connues sous les noms de primevères, ja-
cinthes, violettes, les fleurs des marsaults, des coudriers et aulnes arrivent en même temps, d'autres
fleurs en plus grand nombre leur succèdent.

En automne, il n'en existe plus qu'une petite
quantité, tels que le sarrasin ou blé noir, les
bruyères, et enfin les fleurs des prairies artificielles
que l'on coupe à plusieurs reprises.

Mais les fleurs tardives n'ont pas le même suc et
la même odeur que les fleurs printannières.

Il résulte de cet état de choses que la qualité du
miel varie suivant la nature des fleurs sur lesquelles
les abeilles ont été le recueillir et encore suivant
les époques ou la dépouille partielle des ruches a
été opérée.

§ XXIV.

Lois sur les abeilles.

La loi du 28 septembre 1791 concernant les biens
ruraux, contient entr'autres dispositions, celles sui-
vantes.

Le propriétaire d'un essaim a le droit de le réclamer et de s'en saisir, tant qu'il n'a pas cessé de le suivre, autrement l'essaim appartient au propriétaire du terrain sur lequel il s'est fixé.

Un essaim que l'on aperçoit en l'air et qui n'est pas suivi par son propriétaire appartient à celui qui l'a aperçu et qui le suit.

Les ruches d'abeilles ne peuvent être saisies ni revendues pour contributions publiques, ni pour aucune cause de dettes, si ce n'est par celui qui les a vendues ou concédées à titre de cheptel ou autrement.

Pour aucune cause, il n'est permis de troubler les abeilles dans leurs travaux ; en conséquence, même en cas de saisie légitime, les ruches ne peuvent être déplacées que dans les mois de décembre, janvier et février.

Le propriétaire du rucher qui s'aperçoit qu'un essaim sort de chez lui, doit avertir qu'il le suit, par cris ou autrement, et s'en saisir quand il sera fixé.

Si pour le suivre et exercer son droit de le prendre où il se trouve, il cause du dégât, il est tenu de le payer.

L'article 524 du Code civil, livre deuxième, titre premier, de la Distinction des biens, a reconnu immeubles par destination les ruches à miel, quand elles ont été placées par le propriétaire pour le service de l'exploitation de la ferme.

Le Code rural doit nécessairement être révisé et modifié, notamment en ce qui concerne les abeilles.

Je citerai pour exemple l'art. 3 de cette loi, qui interdit le déplacement des abeilles ou ruches à miel, si ce n'est dans les mois de décembre, janvier et février.

Si cet article recevait son exécution, les propriétaires d'abeilles seraient privés de les mener paître dans les forêts, puisqu'ils ne peuvent profiter de cet avantage que dans le mois de juillet, pour ne les ramener à leur habitation que dans le mois d'octobre.

Telle, sans doute, n'a pas été la pensée des législateurs qui ont voté cette loi.

La question si importante de mener paître les abeilles n'aura pas été soulevée, et dès lors a pu ainsi échapper à leurs méditations.

SECONDE PARTIE

LA PRATIQUE DES ABEILLES

Ier.

Les ruches, leur origine.

Les abeilles ont du exister des siècles sans que l'homme ait daigné s'en occuper.

Confinées dans des troncs d'arbres ou dans des rochers, elles n'étaient pas propres à fixer l'attention des sauvages, qui ne parcouraient les forêts que pour y trouver une proie plus considérable et qui d'ailleurs n'auraient pas pu troubler ces insectes sans danger.

Un heureux hasard leur fit enfin connaître le trésor que les abeilles renfermaient dans leurs humbles habitations, et leur imagination active leur fit chercher les moyens les plus propres à s'en rendre maîtres ; mais ils ne s'en emparèrent qu'en détruisant les essaims et ils durent opérer pendant plusieurs siècles pour parvenir à leur but.

Un bien aussi précieux que le miel, surtout à une époque ou le sucre n'était pas connu, dut faire désirer à l'homme en état de civilisation, qui avait déjà dompté et mis sous le joug une foule d'animaux propres à lui servir de nourriture et à l'aider dans ses travaux, de rapprocher les abeilles de son domicile pour multiplier ses jouissances.

Cette idée dut lui paraître d'autant plus simple, qu'il remarqua qu'il suffisait de fournir un logement à ses insectes sans avoir à se préoccuper de leur nourriture (1).

Leur logement dans les forêts était un tronc d'arbre ; les hommes pensèrent qu'il suffisait de creuser des troncs d'arbres, coupés en plusieurs parties, de ne laisser à chacune qu'une petite ouverture et de suspendre ces portions de troncs pour qu'un essaim vint s'y loger ; ils nommèrent ces logements *ruches*.

Quand les essaims s'y furent placés, ils devinrent les maîtres de les y laisser ou de les emporter auprès de leurs demeures et par ce procédé ingénieux, en multipliant les logements et en fournissant des retraites successives aux abeilles, ils durent nécessairement en multiplier l'espèce.

Telles durent être les premières ruches, telles sont encore celles de plusieurs peuples ; mais les hommes ayant acquis de nouvelles connaissances inventèrent des ruches plus commodes et employèrent pour leurs constructions des matériaux de plusieurs espèces.

Le poids des troncs d'arbres rendait les ruches si lourdes et si difficiles à manier que, lorsqu'ils voulurent réunir les essaims autour de leurs habita-

(1) Columette attribue à la colonie partie d'Egypte avec Cécrops, pour s'établir dans l'Attique, d'avoir eu, la première en Grèce, l'idée de profiter du travail des abeilles, sous le règne d'Erictbonius et d'en avoir perpétué la race sur le mont Hymète.

tions, ils essayèrent de faire des ruches avec des matières plus légères (1), celles faites avec des écorces d'arbres réunissaient ces avantages, l'on s'en sert encore aujourd'hui dans plusieurs localités.

Mais comme dans les pays chauds et secs les rayons du soleil pouvaient gercer facilement le bois et fondre la cire, et que l'on s'était aperçu que les abeilles se logeaient dans des trous de rochers, les uns imaginèrent de faire des ruches avec des pierres taillées, d'autres avec de la terre cuite, bientôt ils en firent avec de la paille et même avec des brins de bois souples, tels que l'osier, le troëne, la bourdenne, dont ils formèrent des paniers qu'ils enduisirent de terre franche ou de cendre mêlée avec de la bouze de vache.

Le hasard, les circonstances, les localités et le génie des peuples déterminèrent le choix des matériaux, et aujourd'hui encore toutes ces ruches sont en usage en Europe, mais plus ou moins perfectionnées dans plusieurs cantons, suivant l'ignorance plus ou moins grande des cultivateurs.

<h2 style="text-align:center">§ II.</h2>

Ruches qui plaisent aux abeilles et les plus profitables aux agriculteurs

Désireux de me renfermer dans le cercle que je me suis tracé, je ne m'occuperai pas d'une multitude de ruches que l'on invente chaque jour.

(1) Leurs toits formés d'écorce ou tissus d'arbrisseaux,
Pour garantir de l'air le fruit de leurs travaux,
N'auront dans leurs contours qu'une étroite ouverture,
Ainsi que la chaleur, le miel craint la froidure;

Les naturalistes et les hommes opulents, les uns pour bien étudier les abeilles, les autres pour se procurer une agréable récréation, ont imaginé toutes sortes de ruches. Sans aucun doute, ces ruches ne sont pas sans mérite, mais du moment où les inventeurs voulurent tirer du profit de leurs abeilles, ils se virent dans la nécessité de les abandonner.

On ne leur en doit pas moins de la reconnaissance, car ils nous ont mis à même de profiter du fruit de leurs études et de leurs observations, ces ruches nous ont procuré l'immense avantage de nous instruire dans la science des abeilles ; mais elles sont complétement inutiles à nos agriculteurs, qui recherchent le profit, et souvent n'ont ni les connaissances, ni le loisir nécessaires pour pouvoir se livrer à des occupations purement agréables et scientifiques.

Je ne parlerai donc que des ruches où se plaisent les abeilles, qui simples et peu coûteuses sont à la portée de toutes les intelligences et de toutes les bourses.

En outre de la ruche en verre dont j'ai donné le détail dans la première partie de cet ouvrage, ayant pour principal but l'étude des abeilles, j'en indiquerai trois qui me paraissent susceptibles de procurer aux agriculteurs le plus grand profit possible de leurs abeilles.

Il se fond dans l'été et durcit dans l'hiver.
Aussi dès qu'une fente ouvre un passage à l'air,
A réparer la brèche un peuple entier conspire ;
Il la remplit de fleurs, il la garnit de cire,
Et conserve en dépôt pour ces sages emplois
Un suc plus onctueux que la gomme des bois.
Souvent même on les voit s'établir sous la terre,
Habiter de vieux troncs, se loger dans la pierre.
Joins ton art à leurs soins, que leurs toits entr'ouverts
Soient cimentés d'argile et de feuilles couverts.

Delille.

La première, la plus ancienne et la plus répandue dans nos campagnes, est celle fabriquée par les vanniers avec des brins de viorne, de troëne ou d'osier ; elle est d'une seule pièce et a la forme d'une cloche.

Cette forme est avantageuse aux abeilles, qui aiment à commencer leurs rayons dans un lieu peu large, où elles puissent concentrer la chaleur pour l'éclosion du couvain et se garantir elles-mêmes du froid, car dès qu'il est vif et qu'il gèle, elles se réunissent dans la partie supérieure de la ruche.

Sous ce point de vue, la ruche dont la partie supérieure est en demi-sphère ou en cloche est préférable à celles qui sont carrées et se terminent en angle aigu.

Cependant, cette ruche est un peu trop étroite dans la partie supérieure ; dès que les abeilles l'ont remplie du peu de gâteaux qu'elle est susceptible de contenir, elles éprouvent une grande difficulté pour parvenir à les relier avec ceux qu'elles établissent à la suite pour remplir le bas de la ruche.

L'on doit donner à cette ruche dans la partie supérieure une forme un peu plus large, mais beaucoup moindre que les ruches que les vanniers fabriquent aujourd'hui.

La seconde, la plus usitée dans le Gâtinais, où la culture des abeilles se fait en grand, est aussi d'une seule pièce, elle diffère de la première en ce qu'elle est plus légère, un peu convexe par le haut et beaucoup plus étroite au centre.

Cette ruche est destinée à être sacrifiée à chaque récolte que produisent les abeilles, elle ne coûte que peu de temps et peu de soins aux agriculteurs, qui le plus souvent la fabriquent eux-mêmes ou bien la font faire à des prix minimes. Elle sert rarement à faire la dépouille partielle des abeilles, chaque année les agriculteurs s'emparent de celles qui sont remplies de provisions et se procurent ainsi un assez beau bénéfice.

Pour parvenir à ce résultat, ils font une incision tout autour du couvercle de la ruche, à partir de la partie convexe et opèrent la sortie de leurs abeilles au moyen du procédé que j'indiquerai dans l'un des paragraphes suivants.

Et enfin, la troisième, que M. Lombard a perfectionnée et nommée la *Ruche villageoise*.

Cette ruche est en deux parties, le corps de la ruche et le couvercle.

Le corps de la ruche est composé de rouleaux de paille de neuf à dix lignes de grosseur chacun, tournés en forme de vis ou spirale, liés de pouce en pouce avec un lien plat, incliné de gauche à droite, suivant la main de l'ouvrier.

Son diamètre, d'un pied dans œuvre, doit être uniforme dans son élévation ; mais cette élévation doit varier, afin de pouvoir proportionner les ruches aux essaims ou à la saison plus ou moins avancée ; pour cela, il faut avoir des ruches de onze, douze et treize pouces de hauteur.

Le haut de la ruche, à fleur ou au niveau du dernier rouleau, est fermé par un plancher fait avec une planche légère à quatre ou cinq pans.

Sur les bords de ce plancher, il doit y avoir quatre ou cinq ouvertures de quatre ou cinq pouces de longueur sur cinq à six lignes de largeur.

Dans le milieu de ce plancher, il faut une ouverture d'un pouce de diamètre, nécessaire pour le passage de la fumée lorsqu'on veut enfumer les abeilles.

Sous ce plancher traverse une baguette plate de quatre lignes d'épaisseur sur six à huit lignes de longueur, elle sert à soulever la ruche avec les deux mains et donne la facilité d'attacher le couvercle sur la ruche, ce couvercle doit avoir également une baguette en saillie qui correspond à celle de la ruche.

Au bas de la ruche est une ouverture de deux pouces de longueur sur six lignes de hauteur, pour l'entrée et la sortie des abeilles.

Les deux premiers rouleaux faisant environ deux pouces, sont du même diamètre que celui de la ruche, le troisième rouleau, rentrant insensiblement, ainsi que les suivants, de manière qu'il est bombé dans son élévation, qui est d'environ cinq pouces, au sommet on laisse une ouverture de quinze à dix-huit lignes de diamètre pour y placer le manche, d'un pied de longueur, diminuant insensiblement dans sa hauteur apparente, qui n'est que de dix pouces.

Le surplus se trouve engagé dans la paille du couvercle par deux baguettes croisées.

La tête du couvercle, à la distance d'environ huit lignes des bords, est traversée par une baguette moins forte que celle de la ruche et saillante des deux côtés d'environ un pouce, dont l'usage a été indiqué plus haut.

On met dans l'intérieur de la ruche deux baguettes, on les place à environ deux ou trois pouces l'une au-dessus de l'autre, on les croise pour servir à soutenir les rayons de cire et de miel ; il faut qu'elles soient saillantes de quelques lignes d'un bout, afin de pouvoir les retirer avec des tenailles, lorsqu'il s'agira de dépouiller la ruche.

Les agriculteurs qui font usage de cette ruche doivent faire en sorte que tous les couvercles soient uniformes, afin de pouvoir les adapter avec facilité sur l'une ou sur l'autre de ces ruches.

Par ce moyen, il est facile de substituer un couvercle vide à un plein et de gouverner les abeilles suivant leurs besoins.

Pour préserver les abeilles des injures du temps,

les paniers d'une seule pièce doivent être enduits extérieurement d'une couche de plâtre ou de bouze de vache mêlée de cendres et délayée avec un peu d'eau.

Les paniers en paille de deux pièces, dits à couvercles, n'en ont pas besoin, il faut simplement avoir le soin de bien ajuster les couvercles sur la partie inférieure de la ruche et attacher solidement ces deux parties l'une avec l'autre.

§ III.

Propretè des ruches. Quantité de ruches que l'on peut avoir. L'aiguillon des abeilles.

La propreté dans les ruches est indispensable, l'on doit faire disparaître de dessus les tabliers tous résidus et ordures.

L'on doit également détruire les herbes qui servent de refuge aux insectes qui sont nuisibles aux abeilles et surtout faire une guerre sans merci aux mulots, guêpes, frelons, mésanges, et enfin à tous leurs ennemis.

L'on ne doit multiplier les abeilles qu'à proportion de la richesse agricole du lieu de leur habitation et de la nourriture qu'elles peuvent se procurer dans un parcours peu éloigné.

Un petit nombre de bonnes ruches est préférable à une grande quantité de médiocres ou de mauvaises, qui ne peuvent se procurer une nourriture suffisante à leurs besoins et périssent pendant l'hiver.

Dans les années où les essaims sont nombreux, et que par ce fait votre rucher soit trop multiplié et ne se trouve plus en harmonie avec la quantité d'abeilles que votre sol puisse nourrir, c'est le cas de vendre des essaims ou des mères souches, vous augmenterez d'autant votre bénéfice et vous procurerez ainsi aux abeilles que vous conserverez dans votre rucher la faculté de trouver une nourriture suffisante à leurs besoins.

L'abeille a une petite pointe à l'extrémité du corps que l'on nomme aiguillon, au haut et à sa racine est une petite bourse dont elle darde de petites gouttes à travers le fourreau.

Cet aiguillon est comme une scie dont les dents sont tournées dans le sens d'un fer de flèche, il entre aisément dans la chair, mais il en ressort difficilement, aussi la piqûre que fait l'abeille lui est presque toujours fatale, l'aiguillon reste avec la glande contenant la liqueur vénénifique et l'abeille meurt.

Les moyens usités pour se garantir de la piqûre des abeilles, soit pour les nettoyer, les dépouiller et recueillir les essaims, consistent à se bien couvrir la tête au moyen d'un camail de toile ayant un masque de crin, de laiton ou de fil de fer.

Ce camail doit descendre sur les épaules, de manière à ce que les abeilles ne puissent se glisser par dessous.

L'on se couvre les mains avec des gants qui doivent remonter au-dessus du coude, et les jambes avec de longues guêtres ou des serviettes.

§ IV.

Manière d'enfumer les abeilles. Remèdes contre leurs piqûres.

Lorsque l'on veut opérer sur les ruches, il faut

avoir soin d'enfumer les abeilles, parce qu'au moindre mouvement elles descendent et couvrent leurs gâteaux.

Pour éloigner les abeilles et introduire facilement la fumée dans les ruches, l'on emploie un rouleau de linge bien serré en forme d'andouille, et vulgairement appelé catin, ou un vase dans lequel on met de la bouse de vache bien sèche mêlée avec des chiffons de linge blanc.

Les remèdes les plus efficaces contre la piqûre des abeilles sont l'alcali et la chaux vive.

A l'instant de la piqûre il faut retirer l'aiguillon, qui, comme je l'ai expliqué plus haut, reste le plus souvent dans la chair ; l'on empêche ainsi le venin de s'y introduire plus avant.

Il faut presser la plaie pour en faire sortir l'eau vénéneuse et la frotter avec de l'alcali ou de la chaux vive délayée avec un pen d'eau.

Si l'on n'a pas à sa disposition de la chaux vive ou de l'alcali, l'on arrache prestement l'aiguillon, l'on presse la plaie et aussitôt on la lave avec de l'eau fraîche ou du vinaigre.

Les propriétaires doivent toujours, par mesure de précaution, avoir un petit flacon d'alcali.

L'alcali bouché hermétiquement se conserve sans altération pendant plusieurs années.

§ V.

Soins à donner aux abeilles pendant chaque mois de l'année.

Les abeilles ne veulent pas être brutalisées, on doit les approcher tranquillement et sans crainte.

Plus vous approcherez d'elles, plus elles se familiariseront avec vous, elles ont des sens qui les mettent à même d'apprécier l'intérêt qu'on leur porte et le bien qu'on leur fait. Bientôt vous vous apercevrez que l'accoutrement dont on se sert vous deviendra inutile.

Les abeilles sont très irritables, si vous voulez les chasser d'un endroit, ne vous débattez pas, éloignez-vous tranquillement et donnez-leur le temps de se calmer.

Je me sers rarement d'accoutrement pour visiter mes ruches, la plupart du temps je les chasse et les calme avec la fumée provenant du tabac de ma pipe.

Je me suis souvent servi de ce moyen pour faire monter les essaims dans une nouvelle ruche, notamment lors qu'ils étaient fixés à un arbre nain ou à tout autre dont l'élévation me permettait de pouvoir sans fatigue les enfumer par ce procédé.

§ VI.

Octobre.

Pour l'ordre dans les détails des soins à donner aux abeilles pendant le cours de l'année, j'ai cru devoir commencer par le mois d'octobre, car c'est ordinairement dans ce mois que se prépare le sirop pour nourrir les abeilles.

Sa composition est des plus simples : on fait fondre du miel commun ou de la mélasse dans du vin ou dans du cidre nouveau, on met le miel ou la mélasse, à son choix, dans la proportion d'un demi-kilo par bouteille, on y ajoute une poignée de sel, on fait bouillir doucement ce mélange jusqu'à consistance de sirop, on le laisse refroidir, ensuite on le met dans des bouteilles ou autres vaisseaux, on le dépose à la cave à l'effet de pouvoir s'en servir de la manière que j'indiquerai ci-après.

Dans ce mois déjà, on peut acheter des ruches ou mères abeilles ; mais il est préférable de ne le faire qu'après l'hiver, parce que les abeilles n'ont plus de risques à courir.

Lorsqu'on achète des ruches, il faut s'assurer si les abeilles sont de la bonne espèce et les ruches d'un bon poids.

On doit examiner attentivement l'intérieur des ruches, s'assurer si les gâteaux sont blancs ou jaunes et exhalent une bonne odeur.

Lors de l'examen, il faut se prémunir contre la fraude, il arrive souvent que ceux qui font le commerce des ruches, pour se défaire des plus vieilles, coupent au printemps la cire noire qui se trouve dans le bas, les abeilles la remplacent par de la cire nouvelle.

Ce fait est facile à vérifier en penchant les ruches et en remarquant si l'ouvrage de l'intérieur répond à la fraîcheur du bas.

Il faut aussi se défier de certains fripons qui, pour donner plus de poids à leurs ruches, attachent une pierre lourde dans l'intérieur du panier avant d'y déposer leurs essaims.

On parvient à la découverte de cette fraude en sondant le haut des ruches avec une aiguille à tricotter ou un fil de fer.

Ordinairement on commence à la fin de ce mois à placer des guichets aux ruches dont les entrées paraissent trop larges.

C'est le moment aussi de ramener les abeilles du pâturage. En les replaçant dans le rucher, les propriétaires peuvent enlever les couvercles pleins de

provisions et les remplacer par des vides, si toutefois, il existe dans l'intérieur de la ruche une quantité plus que suffisante de nourriture pour hiverner
les abeilles.

C'est aussi le moment de mettre les paillassons
en bon état pour garantir les abeilles des rigueurs
de l'hiver.

On ôte dans ce mois, si on ne l'a pas fait plutôt,
les hausses inutiles.

§ VII.

Novembre.

L'on peut enlever les ruches que l'on a achetées
dans le mois précédent et les conduire à leur destination.

On visite les ruches, on nettoye les tabliers, on
remarque les ruches faibles afin de les secourir au
besoin.

Quelques propriétaires commencent déjà à
donner de la nourriture aux abeilles dont la population des ruches est faible.

Cette précaution est bonne, mais ennuyeuse et
coûteuse, en effet, ils se trouvent dans la nécessité
de continuer cette nourriture jusqu'aux beaux
jours, c'est-à-dire, pendant quatre ou cinq mois
de l'année ; il vaut peut-être mieux abandonner
les ruches que de faire des dépenses qui sont à
peu près inutiles, par le motif que le plus souvent
les abeilles périssent au moment ou les fleurs vont
éclore.

Je parlerai ci-après du moment que je crois
opportun de donner avec succès de la nourriture
aux abeilles.

§ VIII.

Décembre, janvier et février.

Pendant les grands froids, les abeilles ne remuent presque pas, il faut y toucher le moins possible, seulement on examine attentivement si la souris ne se fraye pas quelques passages, pour s'introduire dans les ruches.

S'il fait quelques beaux jours, l'on soulève doucement les ruches, à l'effet d'en faire disparaitre les mouches mortes, on y parvient facilement avec les barbes d'une plume ou avec un plumeau flexible que l'on passe sur les tabliers.

Cette précaution prévient la mort de beaucoup d'abeilles qui aurait lieu par l'infection des cadavres et évite aussi aux abeilles qui tâcheraient de les tirer hors de leurs ruches, une occupation dangereuse pour elles, dans une saison où elles ne doivent pas sortir.

C'est dans le mois de février que l'on peut utilement et à peu de frais donner de la nourriture aux abeilles des ruches faibles.

Une petite quantité de nourriture suffira pour les conduire aux premières fleurs.

Bien que la manière de procurer de la nourriture aux abeilles soit connue d'un grand nombre d'agriculteurs, j'ai cru devoir mettre sous leurs yeux les procédés employés par plusieurs naturalistes.

Dans un vaisseau large et un peu profond, on met une livre ou deux de sirop composé comme il a été dit ci-dessus, on le recouvre avec des brins de paille, afin que les abeilles puissent prendre leur nourriture sans courir le risque de s'engluer, on met le vaisseau dans la ruche, le sirop joint avec le peu de provisions qui pourra s'y trouver, sera suffisant pour les conduire aux fleurs printanières.

On a imaginé de donner à manger aux abeilles en mettant du sirop dans une bouteille dont le goulot couvert avec un linge clair est introduit dans le couvercle de la ruche.

Cette manière que j'ai expérimentée est défectueuse, en ce qu'elle endommage les gâteaux pour faire place au goulot et que le sirop qui ne coule point ou difficilement dans une température ordinaire, s'échappe trop promptement lorsqu'il reçoit la température de la ruche.

Le mois de février est le plus convenable et le meilleur pour acheter des ruches, car les fleurs printanières ne tardent pas à paraître et pour peu qu'une ruche soit bonne, il est certain qu'elle devra réussir.

Quelquefois dans ce mois, il arrive des beaux jours qui provoquent la sortie des abeilles. Le cultivateur prudent ne doit pas le permettre, surtout dans le commencement de ce mois.

Ce fait se renouvelle souvent quand la neige fond par un soleil un peu ardent.

Comme les abeilles qui sortent, volent bas, la fraîcheur de la neige et de la terre les saisit et il en périt un grand nombre.

On prévient cet accident en bouchant momentanément les guichets de manière néanmoins à laisser de l'air aux abeilles.

§ IX.

Mars.

C'est à la fin de ce mois qu'il est nécessaire d'enlever la cire moisie et gâtée ; cette cire se trouve dans la partie inférieure des gâteaux.

Dans ce mois aussi, la dissenterie se manifeste. Aussitôt qu'on s'aperçoit de cette maladie, il faut avoir recours aux moyens que j'ai indiqués au paragraphe sept de la première partie de ce traité.

Pendant ce mois, comme la grande ponte des reines commence et qu'une grande chaleur est indispensable dans les ruches, il faut les lutter et les coller sur les tabliers, afin que l'air l'extérieur ne puisse y pénétrer ; les abeilles de leur côté contribueront à concentrer la chaleur dans leurs ruches, en les collant elles-mêmes sur le tablier avec de la propolis que cette saison leur fournit en abondance.

Pour coller la ruche sur le tablier, on enduit tout le bas qui y porte d'une couche de plâtre ou de bouze de vache délayée avec de la cendre.

Il faut avoir soin de ménager une ouverture suffisante pour que les abeilles puissent sortir facilement de la ruche, pour aller aux provisions et y rentrer avec leurs charges.

Si par suite des mauvais temps, on donne encore de la nourriture aux abeilles, au moindre beau jour, il faut la leur retirer, afin que les abeilles ne perdent pas l'activité qui est dans leur nature d'aller à la recherche des provisions qui leur sont nécessaires, et dont à cette époque elles ont le plus grand besoin.

§ X.

Avril.

Les propriétaires d'abeilles qui n'ont pas d'eau

à portée de leur rucher (1) doivent en procurer à leurs abeilles et la disposer de manière à ce qu'elles ne soient pas exposées à se noyer en allant s'y désaltérer.

Plusieurs auteurs qui ont écrit sur les abeilles recommandent le procédé suivant :

D'un tonneau, faites deux baquets d'environ huit à dix pouces de profondeur, enterrez-les à fleur de terre, dans chaque baquet, mettez cinq à six pouces de terre, emplissez-les d'eau pure et dans chacun plantez trois ou quatre brins de cresson ayant leurs racines, ce cresson couvrira bientôt les baquets, sa végétation entretiendra l'eau dans sa pureté, les abeilles y viendront et s'y désaltéreront sans danger, si deux baquets ne suffisent pas, ajoutez-en d'autres.

Il ne faut pas craindre d'approcher les abeilles qui viennent boire, elles ne font aucun mal, elles sont tellement propres que l'on pourra utiliser ce cresson dans le ménage, sans quoi, il deviendrait trop épais.

C'est le moment de préparer le transvasement des abeilles, le principal but du propriétaire est de tirer le plus de profit en cire et en miel, souvent même l'appât du gain le détermine à étouffer et à

---

(1) Je veux près des essaims, une source d'eau claire,
Des étangs couronnés d'une mousse légère.
Un ruisseau transparent qui baigne leur séjour,
Et l'ombre d'un palmier, impénétrable au jour.
Ainsi lorsqu'au printemps développant ses ailes,
Le nouveau roi conduit ses peuplades nouvelles,
Cette onde les invite à respirer le frais,
Cet arbre les reçoit sous son feuillage épais ;
Là, soit que l'eau serpente ou soit qu'elle repose,
Des cailloux de ses bords, des arbres qu'elle arrose,
Tu formeras des ponts où les essaims nouveaux
Dispersés par les vents ou plongés dans les eaux,
Rassemblent au soleil leurs bataillons timides
Et raniment l'émail de leurs ailes humides.

détruire les abeilles dont les ruches sont les plus lourdes, pour s'en approprier toutes les provisions.

Je ne conseillerai jamais aux possesseurs d'abeilles d'employer un moyen aussi barbare. En effet, l'agriculteur pour tirer du profit de ces insectes précieux les rassemble autour de sa demeure. Ils l'aident dans son bien-être, sans lui causer le moindre préjudice et il vient impitoyablement les détruire pour s'emparer du fruit de leurs travaux.

N'est-ce pas le comble de l'ingratitude et de la barbarie? il se procure, il est vrai, pour le présent un certain bénéfice, mais il détruit son avenir.

Comment a-t-il le courage d'envisager de sang froid le cadavre de ses abeilles dont il ne pourra plus tirer aucun profit.

Ce procédé doit soulever l'indignation générale, d'autant plus qu'il existe d'autres moyens de s'emparer des provisions des abeilles sans leur ôter la vie.

M. Lombard et presque tous les auteurs qui ont écrit sur les abeilles, repoussent comme moi un moyen aussi atroce.

M. Lombard indique la méthode suivante :

A l'approche de la belle saison, il met les abeilles dans une position qui les oblige à travailler en leur procurant une nouvelle ruche. Pour cela, il faut enlever le couvercle de la ruche pleine, boucher tous les trous du plancher et le trou du milieu.

De cette manière, les abeilles ne peuvent plus passer sur ce plancher, il place sur cette ruche un couvercle vide, afin de pouvoir la recouvrir de son paillasson.

Il soulève la ruche pleine de dessus le tablier et pose en sa place une ruche vide. Sur cette nouvelle ruche, il place et lutte la vieille dont il a soin de bien boucher l'entrée.

Les abeilles n'ayant plus d'issue que par la ruche nouvelle s'y habituent aussitôt. Comprimées au haut de l'ancienne ruche, ne pouvant plus passer sur le plancher, leur nombre augmentant par la naissance du couvain d'où sort en peu de jours de jeunes abeilles, bientôt gênées dans la ruche pleine, leur instinct les portant à travailler dans cette saison, elles s'établissent dans la nouvelle ruche; la reine qui se trouve dans sa plus grande ponte vient s'y établir également.

Il faut laisser les deux ruches, dit M. Lombard, dans cet état, jusqu'au moment où des édifices ont été construits dans la nouvelle ruche, que le couvain ait eu le temps de s'y développer et ensuite de prendre son essor, ce qui arrive au bout de cinq ou six mois ou dans l'année.

Le procédé de M. Lombard a le mérite, il est vrai, d'être plus humain que celui des étouffeurs d'abeilles, cependant il laisse beaucoup à désirer.

En effet, en examinant les soins et les embarras que cette méthode occasionne, en calculant les difficultés de maintenir en plein air des ruches aussi élevées qui donnent beaucoup de prise aux vents, en comptant la perte des essaims que ce procédé occasionne infailliblement, l'on s'aperçoit qu'il est vicieux, d'autant plus encore qu'il laisse trop longtemps les agriculteurs dans l'attente d'une réussite certaine ou incertaine.

Un autre auteur d'un mérite incontestable, M. Féburier, indique un autre moyen.

Il prétend qu'au moment où les abeilles sortent de leur engourdissement, il faut visiter les ruches et enlever à toutes celles remplies de provisions la moitié d'un rayon d'un seul côté de la ruche, comme à cette époque de l'année il y a peu de couvain, cette opération, dit-il, ne leur ferait aucun tort, parce qu'il resterait assez d'alvéoles pour rece-

voir le nouveau couvain et que les fleurs printanières, alors abondantes, fourniraient aux abeilles
les moyens de rétablir promptement de nouveaux
rayons.

L'année suivante, on renouvellerait la même
opération sur l'autre côté de la ruche, indépendamment de la cire et du miel que l'on aurait déjà recueilli, on se procurerait des rayons d'un an et de
deux ans.

Pour faciliter l'opération, on chasse les abeilles
dans le couvercle que l'on détache du corps de la
ruche, on y substitue un couvercle vide, si les
abeilles n'ont pas travaillé dans le couvercle de la
vieille ruche, qu'il ne se trouve du miel que dans
l'intérieur, il faudrait l'y laisser, car si le temps
n'est pas favorable, les abeilles ne pourraient se
procurer une nourriture suffisante aux besoins de
la population.

Ce procédé peut avoir certaines chances de réussite, mais aussi il présente de graves inconvénients
et demande des soins minutieux pour ne pas détruire la reine, une partie des ouvrières et même
du couvain, s'il s'en trouve dans la ruche.

J'avouerai que je ne suis partisan ni du procédé
de M. Lombard, ni de celui de M. Féburier.

Mes opérations, il est vrai, se trouvent sim-
plifiées, puisqu'elles ne s'effectuent que sur trois
ruches.

Lorsque la ruche de l'ancienne forme modifiée
par le haut sous le rapport de son peu de largeur,
et à laquelle je tiens, malgré ses nombreux dé-
tracteurs, se trouve mauvaise ou attaquée de la
teigne, le transvasement en est indispensable, je
l'opère de la manière suivante :

Je choisis un beau jour, sur les dix ou onze
heures du matin, j'enfume mes abeilles, je ren-
verse ma ruche que je place entre les barreaux

d'une chaise posée à terre sur le dos, j'enlève la ruche pleine, je la remplace par une ruche vide que je recouvre d'un paillasson, à l'effet de recevoir et d'amuser les abeilles qui reviennent des champs.

Ainsi renversée, je mets sur la ruche pleine une ruche vide, je bouche hermétiquement les interstices qui se trouvent au milieu des deux ruches, avec une nappe ou une serviette que j'attache solidement au moyen d'une forte ficelle, je frappe sur la ruche pleine à petits coups redoublés avec deux baquettes que je tiens de chaque main.

Après avoir frappé sans interruption pendant cinq minutes environ, j'approche mon oreille de la ruche vide, à l'effet de pouvoir entendre si les abeilles y sont montées. Si le bourdonnement est considérable, c'est une preuve que la reine y est déjà avec un grand nombre d'abeilles et de mâles ou faux bourdons.

On peut encore activer et faciliter l'opération si avant de la commencer on a soin de pratiquer plusieurs trous au sommet de la ruche qui se trouve entre les bâtons de la chaise en contre-bas de la ruche vide, en y laissant une élévation suffisante à partir du sol, de manière à pouvoir facilement enfumer les abeilles.

Lorsque l'on est certain que la plus grande partie des abeilles est montée dans la ruche vide, on la pose à la place qu'occupait la ruche mère que l'on s'empresse d'éloigner du rucher, pour pouvoir en extraire les provisions qu'elle contient et n'être pas inquiété par les abeilles des autres ruches qui viendraient vous les disputer.

S'il s'y trouve encore quelques mouches, on les laisse se rassembler dans la vieille ruche, où elles sont naturellement attirées par l'odeur du miel et par le désir de s'emparer des provisions que l'on vient de leur enlever; après le coucher du soleil, on les réunit à celles qui se trouvent dans la ruche nouvelle.

Le plus souvent, il y a peu d'abeilles dans la ruche sur laquelle on vient d'opérer et il est facile, dans ce cas, de la transporter dans un endroit renfermé pour pouvoir s'emparer sans crainte et à son temps, de toutes les provisions qui s'y trouvent.

Le transvasement de la ruche du Gâtinais se fait de la même manière, seulement comme cette ruche très-légère et peu coûteuse est destinée à être sacrifiée, au lieu de trous, l'on pratique une incision à l'entour du haut de la ruche, ce qui procure le moyen de bien enfumer les abeilles et de les faire monter rapidement dans la ruche nouvelle.

Le transvasement de la ruche de deux pièces ou à couvercles est à peu de choses près le même que celui dont je viens de parler.

On met une ruche vide à la place de la pleine, si le couvercle de la ruche que l'on veut dépouiller est rempli de provisions, on l'enlève et on substitue à sa place un couvercle vide, on y fait monter les abeilles au moyen du procédé ci-dessus indiqué, aussitôt elles s'y réfugient.

On doit soulever le couvercle de temps à autre pour s'assurer si les abeilles y sont montées. Dans ce cas, on pose le couvercle sur la ruche vide et on éloigne la mère ruche.

Quelques jours après on donne à la nouvelle ruche un couvercle plein que l'on prend sur une bonne ruche, de cette manière l'on peut être certain que les abeilles réussiront.

§ XI.

Dépouille partielle des ruches.

Les moyens que j'ai indiqués pour le transvasement des ruches ne doivent être employés que lorsqu'elles sont vicieuses ou qu'elles menacent de périr.

Si les ruches sont jeunes, remplies d'abeilles contenant de fraîches et bonnes provisions, on en fait des dépouilles partielles, afin de les conserver dans le rucher.

Cette opération se pratique tant bien que mal chez la plupart des cultivateurs qui n'ont pas toujours sous la main des gens assez exercés dans cette partie.

Avant d'y procéder, on soulève un peu toutes les ruches de dessus leurs tabliers, on marque les plus lourdes ayant peu ou point de couvain. Si l'on procède dans le mois d'avril, on doit laisser aux abeilles au moins quinze kilogrammes de miel, déduction faite du poids de la ruche, si l'opération a lieu au milieu du printemps, un poids net d'environ dix kilogrammes de miel est suffisant.

La taille des ruches de l'ancienne forme est assez minutieuse, il faut être exercé au maniement des abeilles pour enlever le miel qui se trouve au fond de la ruche sans ôter le couvain, espoir de la peuplade, et sans faire périr un grand nombre d'abeilles parmi lesquelles peut se trouver la reine, d'où dépend le salut de la ruche entière.

La dépouille partielle des abeilles consiste à leur ôter une partie de leur miel et de leur cire, afin de leur donner de l'activité au travail.

Pour opérer, il faut avoir auprès de soi un baquet rempli d'eau pour se désengluer les mains et nettoyer les outils dont on se sert.

Il faut couvrir soigneusement le miel que l'on extrait de la ruche et l'emporter au fur et à mesure que les vases en sont remplis, à l'effet d'empêcher les abeilles des autres ruches de venir le piller.

Lorsque l'on opère sur les abeilles, il faut préalablement les enfumer.

En dépouillant les ruches, si l'on veut qu'elles prospèrent, il ne faut prendre que le miel dont elles peuvent se passer et toujours en ayant égard au poids de la ruche et du couvain qui peut s'y trouver.

En faisant cette opération en plein printemps, comme à cette époque de l'année, il y a peu de couvain, l'on peut emporter une grande partie des rayons, mais il faut les prendre à la suite les uns des autres et ne laisser aucun intervalle entr'eux, autrement les abeilles éprouveraient une grande difficulté à relier les gâteaux.

Si les couvercles sont pleins de provisions au moment du printemps, on peut s'en emparer sans crainte avec tout leur contenu, car les abeilles sont à même de se procurer tout ce qui leur est nécessaire pour remplacer avantageusement l'impôt que vous aurez prélevé sur elles.

Les outils nécessaires à la dépouille partielle des ruches sont des plus simples. On se sert d'une serpette, d'un long couteau et d'un instrument que l'on nomme spatule en forme de queue de poêle, large et tranchant par un bout, recourbé par l'autre bout, afin de pouvoir extraire les gâteaux et les miettes qui tombent dans le fond de la ruche.

Le dépouillement partiel des ruches peut se faire à plusieurs époques de l'année, autant de fois que les abeilles auront rempli leurs ruches de provi-

sions et que sans leur nuire on y trouvera une
grande quantité de miel, mais il faudra toujours
pour ces diverses dépouilles se conformer à ce qui
a été dit ci-dessus relativement à la nourriture nécessaire pour pouvoir hiverner les abeilles.

§ XII.

Mai.

Le moment est arrivé d'apprêter un nombre
suffisant de ruches pour recevoir les essaims qui
doivent commencer à sortir dans ce mois.

Les signes dn prochain départ des essaims sont
certains, lorsque les mâles ou faux-bourdons sortent en grand nombre depuis onze heures du matin
qu'à trois heures du soir et qu'ils volent avec rapidité.

. Lorsque les tabliers sont humides le matin à
l'entrée des ruches, lorsque le soir en prêtant l'o-
reille, l'on entend dans la ruche un bourdonnement confus et enfin lorsque l'on voit les abeilles
revenant des champs chargées de pollen se tenir à
l'entrée de la ruche, attendant le moment du départ, afin d'emporter avec elles les matières nécessaires pour pouvoir former ailleurs une nouvelle
habitation.

Les abeilles ou essaims ne quittent leurs ruches
ni par un temps froid, ni par un temps obscur, ni
pendant la pluie et rarement par un vent du nord.
Ils prennent leur essor lorsqu'il est calme et que le
soleil se montre, le plus souvent dans les jours ora-
geux, quand le soleil entre deux nuages cause une
chaleur étouffante.

C'est le moment de surveiller les essaims, depuis huit heures du matin jusqu'à quatre ou cinq heures du soir.

Un essaim qui part cause un bourdonnement extraordinaire, les premières abeilles qui sortent se balancent devant la ruche et bientôt elles s'enlèvent.

Les premières abeilles sorties conduisent les autres, la reine sort ensuite et va joindre l'essaim.

Si l'essaim après être fixé est dans l'agitation, ou si lorsqu'il a été mis dans une ruche, l'agitation ne cesse pas, il est certain qu'il est arrivé un accident à la reine, ou qu'elle n'est pas sortie de la ruche.

Il faut s'empresser de la chercher, elle est d'autant plus facile à trouver que le cortège qui l'accompagne ne l'abandonne jamais, elle ne peut être loin de la ruche d'où elle est sortie. Si on la trouve, on la prend doucement, on la réunit à l'essaim et le calme ne tarde pas à renaître.

Si la reine n'a pu sortir de la ruche, l'essaim y revient pour la rejoindre et ne ressort que le lendemain ou quelques jours après.

Les essaims sont faciles à arrêter, le plus souvent, ils le font eux-mêmes.

Les abeilles qui sortent en essaims ne sont point à craindre, on doit les laisser tranquillement sortir de la ruche, elles se balancent en l'air et cherchent à connaître la marche des abeilles qui les conduisent. Presque toujours un essaim s'abaisse et va se fixer sur quelques arbres voisins de la ruche.

Si l'essaim après s'être balancé s'élève, il faut ramasser de la terre en poussière et la lui jeter à pleines mains, s'il se trouve de l'eau à proximité, l'en asperger avec un balai. Bientôt les abeilles s'abaisseront pour se parer de ces projectiles et ne tarderont pas à se fixer à un arbre ou à tout autre abri.

Il arrive quelquefois, mais rarement que ces moyens sont impuissants ponr arrêter un essaim, surtout lorsqu'il est faible et qu'il provient d'un troisième ou quatrième essaim d'une ruche mère.

Pour parvenir à l'arrêter, il suffit de tirer quelques coups de fusil chargé à poudre, les détonations font sur les abeilles l'effet du tonnerre, elles s'abaissent aussitôt et s'empressent de se fixer à un endroit quelconque.

Le propriétaire a le droit de suivre ses abeilles. Le charivari que l'on fait en frappant sur des poêles ou d'autres instruments discordants, n'est utile que pour avertir que le propriétaire de l'essaim est à sa suite et qu'il entend en revendiquer la propriété.

Les essaims se fixent soit à terre, soit à une branche d'arbre, quelquefois au corps d'un arbre ou à un buisson.

Dans toutes les positions où ils se trouvent fixés, n'attendez pas la nuit pour les cueillir : lorsqu'ils seront calmés, hâtez-vous, parce qu'ils s'agiteront, surtout si le soleil venait à donner en plein sur eux, si des circonstances imprévues empêchaient de les cueillir de suite, prévenez-en un second départ, en les abritant d'une manière convenable, afin que les rayons du soleil ne puissent les atteindre.

Avant de cueillir les essaims, l'on peut frotter les ruches neuves avec des plantes de bonne odeur, ou bien avec un peu de miel, si la ruche a déjà servi, il s'agit seulement de bien l'enfumer.

Lorsque l'on recueille un essaim, il faut agir bien tranquillement et sans crainte. S'affuble d'accoutrement qui veut, pour éviter les piqûres, quant à moi, je le fais rarement.

Il y a plusieurs manières de cueillir les essaims,

cela dépend de la position où ils se trouvent fixés.

Lorsqu'un essaim se trouve fixé à une branche d'arbre que l'on puisse facilement atteindre avec une échelle d'une longueur ordinaire et que la branche soit flexible, faites-vous tendre une ruche vide au dessous de la branche où il est attaché et bien en face de l'essaim, secouez fortement cette branche, l'essaim tombera en masse dans la ruche, descendez vivement de l'échelle, retournez la ruche sur le tablier que vous avez préparé exprès, recouvrez-la d'un paillasson et laissez les abeilles se calmer.

Pour empêcher qu'elles remontent à la branche où elles étaient attachées, posez-y une catin fumante, ou des herbes dont l'odeur leur est antipathique.

Si l'essaim a été bien cueilli, on est assuré que la reine est dans la ruche et que les abeilles y resteront, si par hasard, elle ne s'y trouve pas, les abeilles déserteront cette ruche pour aller rejoindre leur reine, sans doute l'essaim ira se fixer ailleurs et vous serez obligé de le cueillir de nouveau.

Lorsqu'un essaim est fixé à un petit arbre de manière que vous puissiez placer une ruche vide et l'attacher solidement au-dessus de l'essaim, faites-le monter au moyen de la fumée.

Lorsqu'il est fixé à terre, couvrez l'essaim avec une ruche vide que vous placerez de sorte qu'elle touche à terre du côté du soleil, soulevez-là un peu du côté opposé, l'essaim entrera et montera seul dans la ruche.

Si un essaim est fixé à un arbre tellement élevé qu'on ne puisse l'atteindre, il faut l'enfumer avec une catin attachée au bout d'une perche de hauteur suffisante, afin de l'obliger à prendre un nouvel essor et le faire fixer à un autre endroit où l'on puisse facilement le recueillir.

S'il est attaché au corps d'un arbre, servez-vous pour le faire tomber dans la ruche d'un balai ou d'un plumeau flexible.

Lorsqu'un essaim en se fixant se divise en plusieurs pelotons, c'est la preuve qu'il y a plusieurs reines, dans ce cas, il ne faut pas se presser de le cueillir, les pelotons les moins nombreux abandonneront bientôt la reine qui se trouve avec eux, car c'est une jeune reine encore vierge qui s'est échappée des alvéoles dans la confusion qu'occasionne toujours le départ d'un essaim.

Les abeilles qui composent ces divers pelotons ne connaissant pas la reine qui est avec chacun d'eux, la délaissent et viennent se joindre au plus gros peloton, dans lequel se trouve la véritable reine.

Les autres pelotons, ainsi que les reines abandonnées viennent également s'y réunir. Si ces reines vierges sont entrées dans la ruche où on a recueilli l'essaim, elles se battent entre elles jusqu'à ce qu'il n'en reste plus qu'une seule.

Il est prudent de placer les essaims nouvellement cueillis à une certaine distance des ruches d'où ils sont sortis, afin que les abeilles qui sortent des mêmes ruches pour aller aux champs, ne viennent se réunir aux nouveaux essaims.

Si le temps est mauvais plusieurs jours de suite après la sortie des essaims, il faudrait leur donner un peu de nourriture.

Si malgré toutes les précautions, les essaims se réunissaient, il faut les partager et les mettre dans des ruches en nombre suffisant ; si dans chaque ruche des essaims ainsi divisés il se trouve une reine, on a parfaitement réussi, si au contraire, un essaim manque de reine, il abandonne la ruche dans laquelle on l'aura placé, pour se rendre dans celle où il trouvera une reine.

Si des essaims partent simultanément et qu'ils se jettent dans les mères ruches ou se mêlent avec des essaims nouvellement cueillis, il faut s'empresser d'enlever la ruche dans laquelle ils veulent entrer pour empêcher que le mélange se fasse. Le cas échéant, ce serait un massacre général. Mettez promptement à la place une ruche vide, les abeilles restées sur le tablier et celles qui reviennent des champs y trouveront un refuge qui donnera le temps à ces essaims de se fixer dans un autre endroit où vous pourrez les recueillir et alors vous remettrez à sa place la ruche que vous en aviez emportée.

§ XIII.

Le chant des reines.

Lorsqu'une ruche a donné un premier essaim, si le soir, le lendemain et plusieurs jours de suite après sa sortie, on entend dans la ruche un chant clair précédé ou suivi d'un autre chant qui l'est moins, c'est un indice assuré que la ruche fournira un second essaim.

Ce chant a beaucoup de rapport avec celui du grillon ou de la cigale.

Comme il se trouve des ruches qui donnent jusqu'à quatre essaim par an, après la sortie du premier, ce chant se fait entendre de nouveau et successivement jusqu'à la sortie du dernier essaim.

Certaines personnes prétendent avoir entendu le chant des reines avant la sortie d'un premier essaim, c'est une erreur. Ce qui peut y avoir donné lieu, c'est que la ruche dans laquelle elles ont pu entendre ce chant, avait probablement déjà essaimé sans que le propriétaire s'en fût aperçu et que les abeilles en quittant la ruche étaient allées s'établir dans un autre endroit.

Le départ d'un premier essaim se révèle par d'autres indices, ainsi que je l'ai expliqué dans le précédent paragraphe (1).

Il arrive fréquemment que le mauvais temps met obstacle à la sortie de ces derniers essaims et que les reines se détruisent jusqu'à ce qu'il n'en reste plus qu'une dans la ruche ; dès lors, les chants cessent et il n'y a plus d'essaims à attendre.

§ XIV.

Achat des ruches. Leur transport. Enlèvement des essaims à l'essaimage.

Les cultivateurs qui désirent former un rucher ne doivent s'occuper de l'achat des ruches que dans les temps que j'ai indiqués dans le cours de

(1)   Mais quel bourdonnement a frappé mes oreilles ?
Ah ! je les reconnais mes aimables abeilles,
Cent fois on a chanté ce peuple industrieux ;
Mais comment sans transport, voir ces filles des cieux ?
Quel art bâtit leurs murs, quel travail peut suffire
A ces trésors de miel, à ces amas de cire ?
Je ne vous dirai point leurs combats éclatants,
Si ce peuple est régi par une seule reine,
S'il peut d'un ver commun créer sa souveraine ;
Si leur cité contient trois peuples à la fois,
Epoux, reine, ouvrière, hôtes des mêmes toits ;
D'autres décideront, mais leur noble industrie,
Mais ces hardis calculs de leur géométrie,
Leurs fonds pyramidaux savamment compassés,
En six angles égaux, leurs bâtiments tracés,
Cette forme élégante autant que régulière,
Qui ménage l'espace autant que la matière,

cet ouvrage et se conformer pour leur examen aux principes y émis.

J'engage les cultivateurs qui demeurent à peu de distance des propriétaires qui exploitent les abeilles en grand et en font un commerce spécial à acheter plutôt des essaims à l'essaimage que des mères souches, par le motif qu'ils feront moins d'avance de fonds et ne pourront être trompés sur leur acquisition.

Si l'acheteur désire placer ses abeilles dans des ruches neuves, il peut faire son marché avant la sortie des essaims et fournir au vendeur les ruches nécessaires à les loger.

Il fera peser ses ruches et pourra fixer le poids des essaims à quatre ou cinq livres, il indiquera l'époque à laquelle ils devront lui être livrés et celle où ils n'en recevra plus ; dans notre département, par exemple, on pourrait fixer le 15 ou 20 juin pour la fin de la livraison des derniers essaims, mais si après l'expiration de ce délai, il en sortait des seconds, l'acquéreur pourrait encore les recevoir à la condition que le vendeur les fortifierait par la réunion d'un second essaim, de manière qu'ils soient égaux et même plus forts en poids que les premiers essaims fournis.

Dans ce cas, l'acquéreur devra faire enlever les essaims le soir même de leur sortie des mères ruches. Cette précaution est d'autant plus indispen-

> Cette reine étonnante en sa fécondité
> Qui seule tous les ans fait sa postérité,
> Et les profonds respects de son peuple qui l'aime,
> Sont toujours un prodige et non pas un problême ;
> Aussi de nos savants, le regard curieux,
> Souvent pour une ruche abandonne les cieux,
> Les Géber, les Réaumur ont décrit ces merveilles,
> Et le chantre d'Auguste a chanté les abeilles.
>
> DELILLE *(Les trois règnes).*

sable que les abeilles enlevées au moment de l'essaimage s'accoutument facilement dans les lieux où on les porte, mais si on tarde à les enlever et que la distance des ruches d'où ils proviennent ne soit pas grande, beaucoup d'abeilles y retourneraient ou pourraient se jeter dans les ruches voisines. Elles y occasionneraient un grand mouvement et finiraient par se faire tuer, ce qui affaiblirait les essaims achetés.

Pour exécuter le transport des ruches en général, on les soulève doucement, on pose chaque ruche sur une toile claire, un canevas ou une serpière, dont on enlève les extrémités que l'on attache avec une ficelle ou un osier au haut de la ruche.

Si l'on a peu de ruches à emporter, on peut se servir de hottes, ou d'une charrette attelée d'un cheval ou d'un âne, l'on y met un bon fond de paille et on pose les ruche sur des perches ou sur des tringles, pour leur procurer un peu d'air, On les consolide de manière qu'elles ne soient pas cahotées.

Il est préférable, si la route n'est pas longue, de faire faire le transport par des ouvriers. Un homme peut facilement porter quatre essaims, parce qu'ils ne sont pas lourds ; il les attache dans leur direction verticale à une gaule forte qu'il porte sur l'épaule, ayant deux ruches devant et deux ruches derrière. Si l'on arrive au lieu de destination au milieu de la journée, on n'ôte les toiles que le soir.

Il est bon de faire le transport des abeilles pendant la fraîcheur et de ne marcher que le soir ou la nuit. L'agitation des abeilles jointe à la chaleur du jour dans cette saison pourrait leur nuire.

Les ruches étant arrivées au lieu de leur destination, celui qui les a achetées, s'il faisait plusieurs mauvais jours de suite, devra leur procurer un peu de nourriture, qu'il pourra ôter aussitôt que les beaux jours renaîtront.

§ XV.

Juin.

Quand les printemps sont tardifs, les essaims ne paraissent que dans le mois de juin. Si ce mois touche à sa fin, la saison des fleurs diminue et les essaims ne peuvent plus ramasser assez de provisions pour pouvoir prospérer.

Il faut donc essayer de retenir ces essaims dans les mères ruches; pour y parvenir, il faut enlever les couvercles pleins et les remplacer par des vides. Les abeilles trouvant un espace suffisant pour les contenir travailleront avec la plus grande activité, le couvercle vide posé à la place du plein, sera bientôt rempli de provisions et les abeilles n'essaimeront plus ou rarement.

Si les ruches n'ont point encore d'essaims et que les gâteaux du bas soient couverts d'abeilles, c'est un signe qu'elles se préparent à essaimer, dans ce cas, on doit réunir plusieurs essaims ensemble à l'effet de pouvoir former une bonne ruche.

On peut aussi les rendre à leur souche, ou les réunir à un autre essaim faible pour le fortifier; pour arriver à ce résultat, on les cueille séparément, soit dans un couvercle, soit dans une calotte ou panier où il n'y a point de baguettes.

Le soir du jet, on enlève la ruche à laquelle on veut réunir un essaim, on secoue fortement le couvercle ou la calotte sur le tablier de la ruche où on veut le faire entrer, on replace rapidement la vieille ruche sur son tablier. L'une des deux reines est tuée par l'autre et dès le lendemain de l'opération, les abeilles vont à la recherche des provisions.

C'est au solstice d'été, au moment de la canicule, que les abeilles se reposent de leurs longs travaux. L'agitation, le bourdonnement cessent tout-à-coup et dès lors, il n'y a plus d'essaims à attendre.

§ XVI.

Juillet et août.

C'est le moment de la destruction des mâles ou faux-bourdons. Le massacre une fois commencé ne s'arrête que lorsqu'il n'en reste plus un seul dans la ruche.

On doit visiter les essaims afin de s'assurer s'ils sont forts ou faibles.

S'ils sont faibles, il faut substituer à leurs couvercles vides des couvercles pleins, ou leur adjoindre un essaim également faible. Par ce moyen, on aura une forte ruche.

Dans le courant de juillet, on entre dans la saison où la substance dont les abeilles composent le miel existe en abondance sur les feuilles d'un grand nombre d'arbres, tels que les chênes, les érables, les ronces et enfin sur une infinité d'autres arbres Cette substance s'appelle la miellée et est très-favorable aux abeilles.

La mort des reines et le pillage des ruches ont communément lieu dans le mois d'août. Il faut souvent jeter les yeux sur les ruches. Si dans quelques-unes, les abeilles sont en mouvement, que la tranquillité règne dans les autres ruches, c'est que les reines des premières sont mortes et que les autres sont au pillage.

Il faut de suite examiner, s'il y a des parcelles de cire en miettes sur les tabliers, dans ce cas, on est certain que les ruches ne sont pas défendues par la peuplade, on doit donc s'empresser de les enlever pour en sauver les débris et leur procurer des reines, comme je l'ai expliqué plus haut.

§ XVII.

Septembre.

Dans ce mois, on visite les ruches susceptibles de procurer encore quelque miel. Lorsqu'elles sont lourdes et bien remplies de miel, on peut en prendre quelques rayons, toutefois, il faut laisser aux abeilles une quantité suffisante de nourriture pour leur permettre de passer l'hiver et d'arriver aux fleurs printanières.

On doit diminuer à la fin de ce mois, l'entrée des ruches pour les mettre en état de pouvoir mieux se défendre des papillons de nuit qui cherchent à s'introduire dans les ruches pour y déposer leurs œufs. La voracité de ces ennemis des abeilles augmentent aux approches de l'automne et de la mauvaise saison.

§ XVIII.

Observations importantes sur ce calendrier

Ce que j'ai exposé pour donner aux abeilles les

soins nécessaires pendant chaque mois de l'année, ne doit pas être pris à la lettre.

En effet, les travaux et les soins pour chaque mois seront avancés ou retardés selon que l'année sera plus ou moins précoce.

Les variations atmosphériques peuvent être quelquefois d'un mois en retard ou d'un mois plus en avant, c'est-à-dire que ces variations doivent guider les agriculteurs dans l'application des diverses opérations que j'ai indiquées dans le cours de cet ouvrage.

§ XIX.

Entrée des portes des ruches.

Ces entrées doivent être proportionnées à la saison et à la population des abeilles.

C'est au commencement de l'automne que l'on met des grilles à l'entrée des ruches de l'ancienne forme.

Ces grilles sont fabriquées avec un morceau de fer-blanc, d'ardoises ou de plomb laminé et même de bois bien uni, auxquelles on ne laisse que de petits trous pratiqués d'un manière convenable, pour qu'une abeille puisse y passer facilement.

On fixe ces grilles à la porte des ruches en les consolidant avec du plâtre ou avec tout autre mortier solide.

Ce moyen garantit pendant l'hiver les abeilles des souris, des mulots, des oiseaux et enfin de tous autres insectes qui causent dans les ruches, surtout à cette époque de l'année, des dégâts immenses.

Au commencement du printemps, on substitue à ces grilles d'autres grilles dont les trous sont plus larges, pour que les abeilles puissent entrer facilement dans les ruches avec leurs charges.

Lorsque la saison est plus avancée et que par leur vigilance et leur activité, elles peuvent se défendre avantageusement contre ces ennemis acharnés, on fait disparaître les grilles de la porte des ruches, que l'on doit conserver pour s'en servir dans la saison où elles deviennent nécessaires.

§ XX.

Pesée des ruches.

Le premier soin du cultivateur doit être de s'assurer si ses essaims sont suffisamment approvisionnés pour passer l'hiver et pour nourrir le couvain, notamment dans les années où la température devient assez chaude pour avancer la ponte des reines, alors même que les champs ne produisent aucunes fleurs.

Cette attention est d'autant plus essentielle, que pour établir un bon rucher et en tirer du profit, il ne s'agit pas seulement d'avoir une grande quantité de ruches et de multiplier les essaims, il faut que mères ruches et essaims se procurent d'abondantes récoltes et que notamment les essaims puissent se bien approvisionner pour la mauvaise saison.

La prospérité d'un rucher dépend de la multiplication des ouvrières à l'entrée de la belle saison, plus elles sont nombreuses, plus elles vont en grand nombre butiner sur les fleurs.

Elles en rapportent assez de provisions, non-seulement pour élever le couvain, mais encore pour en remplir leurs ruches.

Si, au contraire, les abeilles sont en petit nombre, leurs travaux sont à peine suffisants pour nourrir le couvain, il en résulte que les essaims arrivent tardivement et que si les abeilles ne se sont multipliées qu'au moment où les fleurs commencent à devenir rares, cette multiplication leur est plus nuisible que profitable, parce qu'elles sont forcées pour vivre d'avoir recours au peu de provisions qui existent dans la ruche.

Le cultivateur doit peser toutes ses ruches, afin d'être à même de reconnaître le fort et le faible des ruches. Dès lors, il pourra secourir au besoin les ruches faibles, pourvu cependant qu'elles soient bien garnies d'abeilles. Autrement, ainsi que je l'ai dit dans la première partie de cet ouvrage, il serait plus onéreux que lucratif de chercher à les conserver, par le motif qu'il faudrait nourrir une ruche faible tout l'hiver et que souvent on court le risque de la perdre au moment des fleurs.

J'ai expliqué dans le cours de ce traité le poids en marchandise que l'on doit laisser dans les ruches, lors de leurs dépouilles partielles, afin de permettre aux abeilles de s'hiverner sans courir le danger de mourir de faim ; j'engage les cultivateurs prudents à se conformer à mes prescriptions.

§ XXI

Causes qui nuisent à l'approvisionnement des abeilles

Il est des années où les vents froids et secs sont d'une telle durée qu'ils neutralisent la transpiration des plantes et en enlèvent la miellée au fur et à mesure qu'elle se forme. Elle se colle contre les feuilles et devient complètement inutile aux abeilles.

Il en est de même lorsque des pluies prolongées ont lieu à la fin de l'été ou au commencement de l'automne. Toutes les plantes sont aqueuses et ne possèdent aucune propriété nutritive pour les abeilles. Les ouvrières, d'ailleurs, ne pouvant sortir, se trouvent dans la nécessité de consommer leurs provisions sans pouvoir les remplacer.

Dans un état de choses, si la chaleur vient dessécher la terre et brûler les plantes, ou si les vents toujours secs font évaporer la transsudation des plantes, ou qu'enfin des pluies continuelles et prolongées en délaient la secrétion, les abeilles sont également privées de pouvoir s'approvisionner et ne tarderaient pas à mourir de faim, si on n'y portait remède en leur donnant de la nourriture.

§ XXII

Choix des ruches

On doit choisir les ruches les plus commodes et les plus propres à garantir les abeilles des injures du temps et des attaques de leurs nombreux ennemis.

Il faut en même temps qu'elles soient avantageuses aux cultivateurs et d'un prix peu élevé, afin de les mettre à même de multiplier les abeilles à peu de frais; que ces ruches soient simples et faciles à exploiter, et qu'à leur moyen ils puissent tirer de leurs abeilles le plus de profit possible.

Cependant, il faut l'avouer, une ruche qui présenterait tous ces avantages est pour ainsi dire impossible, et l'on doit donner la préférence à celle qui en réunira le plus.

Par suite de ma longue expérience, j'ai cru devoir me restreindre à un petit nombre de ruches et notamment à ne me servir que de celles qui m'ont paru susceptibles, sous un grand nombre de rapports, de remplir le but auquel j'ai constamment visé, celui de procurer aux abeilles une habitation qui leur plaise, et dans laquelle elles puissent ramasser d'abondantes récoltes ; sans doute elles ont des inconvénients, mais elles ont au moins le mérite de les compenser par de grands avantages.

L'étude de cette petite quantité de ruches sera facile aux agriculteurs. Ils en apprécieront bientôt le mérite et apprendront en peu de temps à connaître les abeilles et à utiliser les ruches.

Au moyen de ces ruches ils seront à même de soigner leurs abeilles comme bon leur semblera, et après les avoir expérimentées, il leur sera facile d'utiliser à l'exclusion des autres, la ruche qu'ils auront reconnu la plus commode au gouvernement des abeilles et la plus avantageuse sous le rapport du produit.

L'uniformité des ruches simplifie la besogne des apiculteurs.

§ XXIII

Les abeilles sont dangereuses dans des temps d'orage, elles attaquent certaines personnes

Lorsque l'air est chargé de fluide électrique et que le temps est à l'orage, les abeilles sont irritables et d'un difficile abord. Il en est de même au moment de la force du couvain !

Il est imprudent dans ces circonstances de s'en approcher et encore plus de toucher aux ruches.

Malgré **tous** les affublements en usage, elles se jettent sur vous et dardent sans cesse leurs aiguillons contre l'étoffe, l'on doit se trouver heureux s'il n'existe pas une issue qui leur permette de **vous** piquer (1).

Les abeilles ont une répulsion prononcée contre les personnes qui ont les cheveux rouges. Elles vont les attaquer au loin des ruches; si ce sont des ouvriers, souvent ils sont forcés de quitter leurs travaux; il en est de même des personnes dont les cheveux sont très-noirs, d'une odeur très-forte et dont la sueur exhale un goût désagréable à l'odorat.

Le souffle de l'homme irrite les abeilles, il ne faut pas essayer de les détourner en soufflant sur elles, c'est toujours avec de la fumée qu'il faut les écarter des endroits où elles viennent vous troubler dans vos travaux.

On trouve dans plusieurs ouvrages sur les abeilles les traits suivants :

Un petit corsaire de quarante à cinquante hommes d'équipage, ayant à son bord quelques ruches de terre cuite remplis d'abeilles, forma le projet d'aborder une galère Turque forte de cinq cents hommes d'équipage qui le poursuivait, jeta de la hune de son grand mât des ruches dans la galère Turque.

Les Turcs qui ne purent se garantir des piqûres de ces insectes, en furent tellement effrayés qu'ils ne songèrent qu'à se mettre à l'abri de leur fureur, mais l'équipage du corsaire, muni de gants et de masques, se jeta sur eux à coups de sabre et s'empara de la galère sans aucune résistance.

---

(1) L'abeille est implacable en son inimitié,
Attaque sans frayeur, se venge sans pitié;
Sur l'ennemi blessé, s'acharne avec furie
Et laisse dans la plaie son dard avec sa vie.

Amurath, empereur des Turcs, ayant assiégé Albe la Grecque et renversé des pans de muraille, trouva les brèches défendues par des abeilles dont on avait apporté les ruches sur les ruines; les Janissaires, quoique les milices les plus braves de l'empire Ottoman, n'osèrent jamais franchir cet obstacle.

Les Espagnols éprouvèrent également la fureur des abeilles au siège de Tanly; comme ils se disposaient à donner l'assaut, les assiégés garnirent les brèches avec des ruches et il fut impossible aux assiégeants de passer outre.

M. de Montfort parle aussi de l'usage des abeilles en guerre, pour faire fuir les armées. Fitandre, dit-il, était assiégée par les Suédois, les habitants ayant rangé des ruches d'abeilles sur la brèche, leur firent par ce moyen prendre la fuite.

Dans son ouvrage sur les abeilles, l'abbé Della Rocca raconte avoir été témoin du fait suivant :

Un homme n'ayant pas aperçu une ruche prête à essaimer avait attaché son âne tout auprès. L'essaim sortit et alla se poser sur le museau du pauvre animal qui secoua sa tête et se frotta contre terre. Alors l'essaim s'élança sur lui avec tant de furie qu'il y en eût la moitié de perdu et que l'âne en mourut au bout de trois jours.

On n'a pas lieu d'être étonné que des lions, des tigres, des ours et d'autres animaux aient le courage de se défendre contre leurs ennemis, ou d'attaquer leur proie, ils sont pour cela d'une taille avantageuse et bien pourvus d'armes offensives et défensives; mais qu'un insecte aussi petit qu'une abeille ose attaquer tout ce qui en veut à ses provisions, quand ce serait des hommes, ou des animaux les plus féroces et que malgré sa faiblesse apparente, il gagne souvent la bataille, c'est ce qui a lieu de surprendre; sans examiner le nombre, sans s'effrayer de la force de ses ennemis et du peu de proportion entre les forces respectives, elle défend jusqu'à la dernière extrémité sa souveraine, sa patrie par le sacrifice de sa propre vie.

Dès que les hostilités ont commencé, les plus voisines s'élancent sur l'ennemi commun, si les premières abeilles ne le mettent pas en fuite, d'autres accourent; l'alarme est donnée, un bourdonnement extraordinaire est le signal du combat, les légions se succèdent, chacun fond à l'envie avec la plus grande impétuosité sur l'ennemi et leur courage est augmenté par la résistance des assaillants. Leur intrépidité est étonnante; on ne sait chez ces amazones, ce que c'est que de se ménager ou de battre en retraite on s'obstine à vaincre ou à mourir pour gagner le champ de bataille et chasser l'agresseur; on le poursuit même encore fort loin, quand il se retire, pour lui faire perdre l'envie de revenir à la charge. Leur courage poussé à bout se tourne en fureur.

§ XXIV

Les abeilles avant le jet envoient des messagères à la recherche d'un lieu propre à les mettre à l'abri des injures du temps

J'ai souvent eu l'occasion de constater ce fait. Quelquefois au moment de l'essaimage je me trouvais à une certaine distance de mon rucher, lorsque tout à coup un bourdonnement extraordinaire frappait mes oreilles. En levant les yeux, j'apercevais un essaim qui passait au-dessus de moi, et qui, sans s'arrêter à une foule d'arbres qui se trouvaient sur son passage, disparaissait aussitôt.

L'année dernière à l'instant ou un pareil fait se

renouvelait, je rencontrai plusieurs ouvriers qui comme moi, avaient aperçu l'essaim. Après nous être concertés, nous pensâmes qu'il avait été se loger dans le creux d'un vieux pommier qui se trouvait à proximité du lieu où nous étions. Ces ouvriers occupés depuis quelques jours à des travaux agricoles dans le champ où existe le pommier, avaient constamment remarqué une certaine quantité d'abeilles venir le visiter.

Nous nous rendîmes sur les lieux. Quel ne fut pas notre étonnement en voyant une foule d'abeilles rentrer et sortir du creux de l'arbre. L'essaim entier s'y était établi.

Comme cet arbre se trouve dans une pièce de terre qui m'appartient, j'ai cru devoir y laisser l'essaim, je le visite quelquefois, les abeilles travaillent avec activité et rapportent d'immenses provisions, l'essaim paraît fort et le creux de l'arbre profond.

Cet essaim est de l'année dernière, dans un temps opportun, je m'en emparerai, et le ferai figurer au rang de mes ruches.

J'ai eu l'occasion de faire de semblables expériences qui ont parfaitement réussi.

§ XXV.

Moyen de reconnaitre un essaim que l'on a pas vu sortir de la ruche.

Plusieurs auteurs sur les abeilles rapportent ce qui suit :

Lorsque deux propriétaires dont les ruchers sont voisins, réclament l'un et l'autre un essaim que l'on a pas vu sortir, on le cueille dans une ruche, le soir on enlève un peu cette ruche, on en fait tomber une trentaine environ d'abeilles, après quoi l'on transporte la ruche au loin ; on prétend que ces abeilles ne tardent pas à faire connaître le vrai propriétaire en se dirigeant vers la ruche d'où l'essaim est sorti.

Voici un autre procédé :

Quand l'essaim est cueilli, on en fait tomber deux ou trois cents abeilles dans une petite ruche ou dans un couvercle, on les asperge légèrement avec de l'eau et on les poudre avec de la farine de seigle, du vermillon ou avec tout autre matière colorante pour les rendre reconnaissables ; on les enferme ensuite avec une toile claire pour leur donner le temps de se ressuyer et on porte l'essaim au loin pour les empêcher de le retrouver. Au bout d'un quart d'heure environ, on donne la liberté aux abeilles colorées, elles dirigent leur vol pour la plupart vers la ruche d'où elles sont sorties et si quelques-unes veulent entrer dans les autres ruches, elles en sont repoussées ou massacrées.

Si l'on est pas pressé de connaître le propriétaire, on laisse libres les mouches de l'essaim et on tient renfermées celles de la petite ruche jusque vers le coucher du soleil. A ce moment on cache l'essaim dans une chambre ou ailleurs, après quoi on donne la liberté aux abeilles de la petite ruche, on voit alors d'autant plus la direction qu'elles prennent, que le mouvement des autres ruches a cessé entièrement.

S'il se manifeste une forte agitation dans l'essaim quelque temps après qu'on en a séparé une petite portion, c'est que la reine se trouve avec cette portion. Dans ce cas, on fait tomber d'autres abeilles dans un couvercle pour l'épreuve que l'on se propose de faire et l'on réunit à l'essaim les abeilles où se trouve la reine, à l'effet d'y rétablir le calme.

§ XXVI.

Consommation des abeilles pendant les beaux jours de l'hiver.

Il est difficile de préciser au juste la consommation d'une bonne ruche, lorsque les abeilles sont en pleine activité et que le couvain est nombreux, mais je sais qu'elle est considérable.

On a constaté que dans le mois de mai, temps de la grande floraison, les abeilles d'une ruche bien peuplée pouvaient ramasser une livre de pollen par jour et que la quantité de miel doit être plus considérable, puisqu'on voit rentrer plus d'abeilles chargées de miel que de pollen, qu'elles mêlent ces deux matières pour la nourriture de leurs petits et que si on enlève quelques rayons, elles les rétablissent en peu de jours.

On ne doit pas être surpris que des insectes aussi faibles fassent autant d'ouvrage chaque jour, le nombre supplée à la force et leur diligence est extrême.

Il y a constamment huit à dix mille abeilles qui vont aux provisions, elles se chargent promptement et reviennent d'un vol rapide à leur habitation. Comme elles peuvent faire plusieurs voyages dans la journée, il est facile de concevoir que ces milliers de charges peuvent former le poids d'une livre de pollen et autant de miel, ce qui, dans un mois, monterait au moins à soixante livres, cependant au bout du mois, la quantité de pollen contenu dans la ruche est peu considérable et l'augmentation du miel n'y est pas très-forte, le surplus a dû nécessairement être consommé.

J'avais pesé à l'automne dernier (1871) des ruches

dont le poids annonçait tant, en miel qu'en pollen, trente à quarante livres. Je n'avais pas voulu m'emparer d'une partie de ces provisions, dans l'espoir d'obtenir au printemps des essaims de très bonne heure.

Chacun sait et se rappellera longtemps le rude hiver et les gelées extraordinaires que nous avons eus à supporter. Comme dans ces temps désastreux, les abeilles remuent peu et ne consomment presque rien, je ne m'occupai nullement de ces ruches. persuadé que j'étais qu'il était impossible qu'elles pussent manquer de vivres.

Dans le courant du mois de mars (1872), suivant mon habitude, je visitai mes abeilles. Je ne tardais pas à apercevoir à l'entrée de presque toutes les ruches, y comprises celles qui pesaient le plus en automne, une quantité considérable de mouches mortes.

Les ruches étaient complètement dépourvues de miel et si je n'y eusse promptement porté remède en nourrissant mes abeilles, toutes seraient mortes de faim.

Il m'a été facile de conclure de ces faits que la grande consommation des abeilles a été occasionnée en partie par la température exceptionnelle du mois de février dont les chaleurs presque continuelles ont provoqué la sortie des abeilles comme aux beaux jours du printemps, qu'elles rentraient affamées dans leurs ruches et se jetaient avec avidité pour vivre sur les provisions qui y existaient, et comme elles ne trouvaient à cette époque de l'année aucune fleur dans les champs, il leur fût impossible de pouvoir les remplacer.

Qu'à la suite de ces beaux jours, les mois de mars et avril ayant été constamment froids et pluvieux, les abeilles ne pouvant pas ou peu sortir de leurs ruches pour aller butiner sur les fleurs qui se trouvent alors en assez grande abondance, ont été forcées de consommer le peu de provisions qui restaient dans les ruches.

Je conclus également de cet état de choses que dans beaucoup d'endroits les essaims seront tardifs.

§ XXVII.

Réflexions de l'auteur sur les travaux des abeilles.

Souvent à la fin de l'année, les abeilles n'ont pas eu le temps de terminer leurs travaux où édifier et sont forcées de les suspendre par le motif que la reine mère a été fécondée et a commencé sa ponte pendant le cours de la belle saison, dès lors, elles se trouvent dans la nécessité d'apporter tous leurs soins à élever le couvain.

En jetant un coup d'œil sur les travaux déjà faits, en considérant les édifices de cire compassés de manière à n'avoir entre les rayons que la largeur suffisante pour contenir deux abeilles, ces passages ménagés de distance en distance pour établir entre les rayons des routes de communication, la construction de ces innombrables alvéoles disposés d'après les règles les plus justes de la géométrie, il est impossible de ne pas s'incliner en présence de faits aussi merveilleux.

En effet, quel est l'homme qui, en voyant d'aussi faibles insectes, travailler avec tant d'art et de symétrie, n'accordera pas aux abeilles un degré d'intelligence dont, sans cesse, elles donnent des preuves.

Les abeilles ont certainement une intelligence ou pour mieux dire un instinct supérieur à celui de la plupart des animaux.

Cet instinct, sans doute, a ses bornes et ne peut être comparé aux facultés de l'homme, mais, tel qu'il est, il est digne sous tous les rapports de fixer notre attention.

§ XXVIII.

Produit des ruches.

Plusieurs auteurs ont forcé le produit des ruches, d'autres plus modestes en ont fait une appréciation trop faible.

Pour ne point altérer une ruche et lui laisser une nourriture suffisante, pour qu'elle puisse réussir, on ne doit ôter que huit ou dix livres de miel, si toutefois elle est remplie de provisions.

Lorsque les années sont bonnes, ainsi qu'il a été dit dans le courant de ce traité, on peut faire le dépouillement des ruches à plusieurs reprises de l'année, autant de fois que les abeilles les auront remplies de provisions et que l'on y trouvera une quantité de miel bien confectionné et de bonne qualité, mais il faut toujours avoir soin de laisser dans la ruche assez de provisions pour qu'elles puissent facilement s'y hiverner.

Dans un tel état de choses, on se procurera certainement un plus grand produit que celui que j'ai indiqué ci-dessus, mais il ne s'agit que d'années exceptionnelles à la réussite des abeilles.

On peut encore l'accroître, ainsi que je l'ai expliqué au paragraphe III de la seconde partie de cet ouvrage.

Avant de terminer ce traité, je vais faire connaître en peu de mots les soins qu'exigent les abeilles en sus de ceux dont j'ai déjà parlé.

Les quadrupèdes de la ferme, les oiseaux de basse-cour, les poissons du vivier, le ver qui file la soie, tous exigent des soins minutieux pendant le cours de leur vie, tous consomment des grains, des fourrages et une foule d'autres aliments.

L'abeille, au contraire, n'exige de surveillance assidue que dans la saison des essaims, elle ne consomme rien, n'altère ni les feuilles, ni les fleurs, elle n'a besoin de provisions que dans des cas exceptionnels, ainsi que je l'ai expliqué, autrement pour s'en procurer, elle n'a pas besoin qu'on la conduise, elle soit où les trouver.

Elle conçoit, couve et élève une nombreuse postérité, elle pourvoit au sort de tous les siens et va former annuellement de nouvelles colonies, tout ce qui lui faut se réduit à un abri et à des fleurs.

Procurez lui donc un logement qui lui plaise. Semez à l'entour de sa demeure toutes espèces de plantes aromatiques et d'autres fleurs, ne fusse que pour lui épargner de longues courses, surtout dans les temps froids ou pluvieux, ne la dépouillez pas au point de l'exposer à mourir de faim, sur tout le reste, reposez-vous sur elle.

§ XXIX.

Utilité des abeilles.

Ainsi que je viens de le dire au précédent paragraphe, les abeilles sans nuire en rien à leur propriétaire, lui fournissent au contraire le moyen d'augmenter son bien-être.

La France, à raison de l'étendue de son territoire, des forêts qui y existent, de la variété de son agriculture et enfin de sa température est, sans contredit un lieu où il est facile de cultiver en grand les abeilles.

Un peuple industrieux doit employer les moyens de retirer de son sol tout ce qu'il est susceptible de produire.

Dès lors, pourquoi recourir à l'étranger pour lui demander et lui payer en argent des produits que le sol fertile de la France peut nous procurer.

Un pareil état de choses ne peut provenir que de la négligence ou plutôt de l'ignorance de nos agriculteurs de la science des abeilles.

Le gouvernement qui a besoin de tant de ressources pour délivrer promptement le sol de la France du joug de l'étranger et effacer le plus promptement possible les traces des malheurs incroyables et jusqu'à lors sans exemple qui nous ont frappés comme la foudre, ne devrait-il pas étendre sa sollicitude sur toutes les branches de notre industrie nationale?

Ne devrait-il pas faire tous ses efforts et employer tous les moyens possibles pour porter notre agriculture à son plus haut degré de perfection?

Ne pourrait-il pas encourager nos cultivateurs à multiplier les abeilles, en les faisant initier dans la science de ces précieux insectes?

Qu'il fasse un appel au patriotisme de ces hommes érudits, intelligents et dévoués qui consacrent la plupart des instants de leur existence à l'étude des sciences agricoles, cet appel retentira d'un bout de la France à l'autre et j'ai la certitude qu'il y sera favorablement accueilli.

Oui, tous ces agronomes hors ligne qui composent nos comices agricoles, s'empresseront d'y répondre et d'offrir le concours de leur savoir à un but aussi utile !

Dès lors, la culture bien entendue des abeilles

sera résolue en France, elle mettra les agriculteurs à même de se procurer un nouveau revenu qu'ils ignoraient complètement et que cependant ils peuvent facilement retirer de leur sol.

Bientôt, ils seront à même de fournir aux autres nations la cire et le miel que nous sommes aujourd'hui dans la nécessité de leur demander.

APPENDICE.

J'avais l'intention d'ajouter à cet ouvrage une troisième partie relative à la confection de la cire et du miel.

Après mûre réflexion, j'ai cru devoir abandonner ce projet par le motif que les plus grands comme les plus petits propriétaires d'abeilles ont tous les connaissances nécessaires pour parvenir à ce résultat.

Le plus difficile et le plus important n'est-il pas de faire produire aux abeilles beaucoup de marchandises qu'il est ensuite facile d'utiliser à sa manière.

D'ailleurs, il existe aujourd'hui une foule d'ustensiles et d'instruments ingénieusement inventés pour bien et facilement pouvoir manipuler le miel et la cire.

Seulement, je conseillerai aux propriétaires qui n'ont qu'une petite quantité de miel et de cire à récolter, de se procurer quelques terrines et des tamis en toile claire ou en crin.

L'on place ces terrines auprès d'une fenêtre exposée aux rayons du soleil, dans un endroit clos hermétiquement de manière que les abeilles du dehors ne puissent y pénétrer.

L'on peut aussi renfermer ces terrines sous des châssis faits exprès, vitrés de toutes parts, que l'on expose aux endroits où le soleil darde sa plus grande chaleur.

Par ce procédé, le miel coule naturellement. Cependant, si on le juge à propos pour en activer l'écoulement, l'on peut presser avec la main les gâteaux qui se trouvent sur les tamis.

Ce miel ainsi fabriqué, s'appelle premier miel ou miel vierge.

Ce qui peut rester dans les gâteaux après l'écoulement de ce premier miel, se nomme miel de seconde qualité.

Pour tirer partie de ce second miel, il suffit de mettre les terrines garnies de leurs tamis dans un four où l'on aura brûlé une ou deux bourrées broutilles, de manière à produire une chaleur suffisante pour faire couler le miel et la cire, sans endommager les tamis qui doivent resservir au besoin.

L'on laisse le tout refroidir dans le four, lorsque l'on retire les terrines du four, l'on enlève les tamis qui doivent être cousus solidement à des cercles faits exprès suivant la dimension des terrines.

Ces tamis doivent être appuyés sur des baguettes en bois, à l'effet de supporter la charge en cire et en miel que l'on y a mis.

Le miel se trouve au fond des terrines et la cire à la surface. Elle s'enlève facilement au moyen de la spatule dont j'ai parlé dans le cours de cet ouvrage, l'on passe légèrement le taillant de cet outil à l'entour pour la décoller des terrines et en former un gâteau ; le miel qui se trouve au-dessous doit être immédiatement mis dans des pots que l'on place dans des endroits frais pour qu'il prenne de la consistance.

Comme le dessous de ce gâteau de cire porte sur le miel, il s'en trouve englué dans cette partie seulement ; s'il fait un beau soleil, il faut le déposer auprès du rucher, les abeilles y viendront en foule et auront bientôt sucé tout le miel qui pouvait s'y trouver, alors on l'emporte pour le placer dans un endroit sain et bien aéré où il puisse sécher promptement, afin de pouvoir l'utiliser en temps opportun.

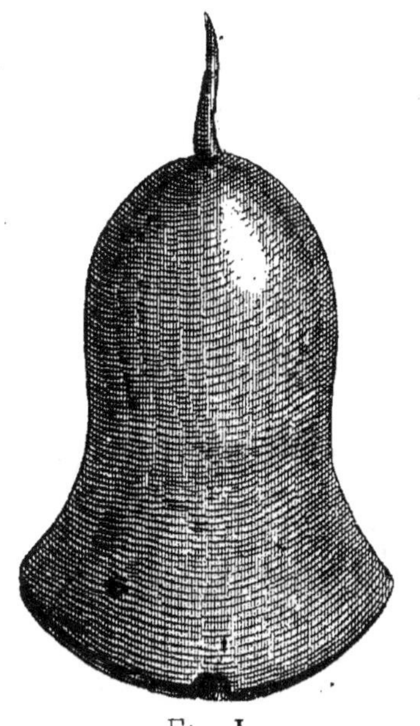

Fig. I.

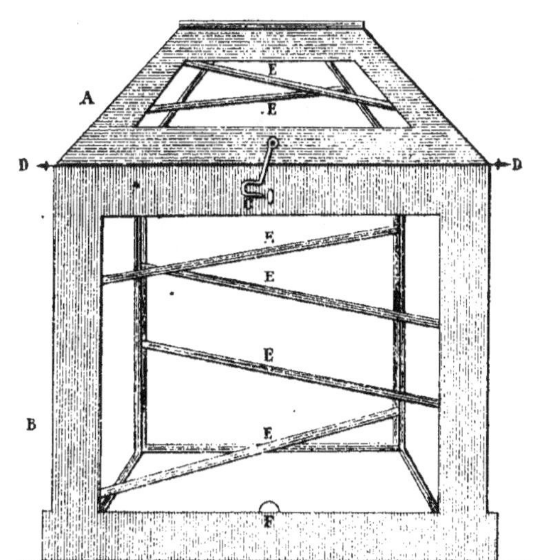

Fig II.

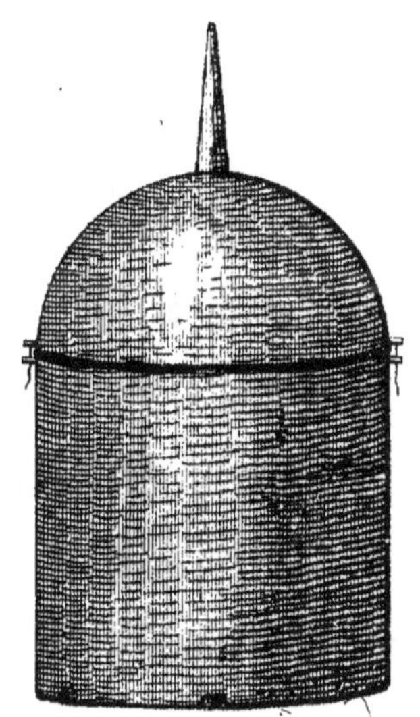

Fig. III.

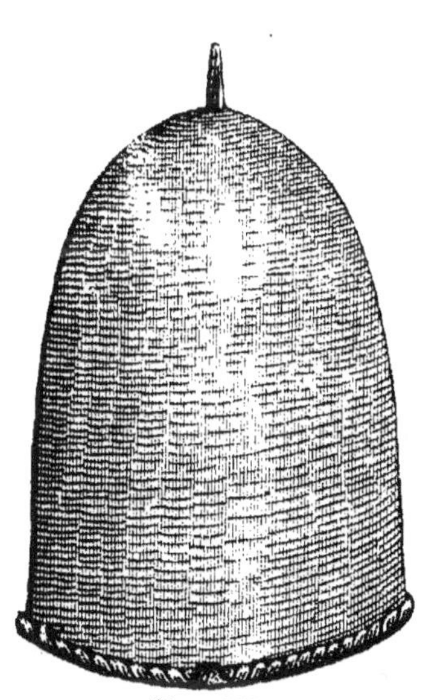

Fig. IV.

Explication des figures contenues dans la planche

Fig. 1.   Ruche du Gâtinais.

Fig. 2.   Ruche en verre que j'ai modifiée, indispensable aux observations.

    A   Partie haute de la ruche.

    B   Partie basse de la ruche.

    C   L'un des deux crochets et l'un des deux pitons qui relient les deux parties de la ruche.

    D   Pattes de fer ou pitons destinés à soulever la partie haute de la ruche, les crochets étant ouverts, et à soulever la ruche entière, ces mêmes crochets étant fermés.

    E   Entrée de la ruche.

  FCF   Croisillons.

Fig. 3.   Ruche villageoise de deux pièces, le corps de la ruche et son couvercle.

Fig. 4.   Ruche de l'ancienne forme, la plus usitée dans les campagnes.

      (Voir les détails nécessaires à la fabrication de ces deux dernières ruches et de celle du Gâtinais, pages 59 et suivantes).

TABLE DES MATIÈRES

PREMIÈRE PARTIE

SECONDE PARTIE

Montargis. — Imp. Grimont.